도시텃밭으로 즐기는 일상

「2014 경기도 도시텃밭대상」 수상작품집

도시텃밭으로 즐기는 일상

발행일	2014년 10월 31일
발행인	경기농림진흥재단 이사장 박수영
편집인	경기농림진흥재단 대표이사 김정한
펴낸곳	경기농림진흥재단
주소	경기도 수원시 장안구 경수대로 1128
전화	031.250.2700 **팩스** 031.250.2709
홈페이지	http://greencafe.gg.go.kr
기획	박영주, 김완식

편집	(주)환경과조경
출판	도서출판 한숲
주소	경기도 파주시 회동길 47
전화	031.955.4966 **팩스** 031.955.4969

ⓒ 2014, 경기농림진흥재단, 도서출판 한숲

ISBN 979-11-951592-2-2 03520

*여기에 실린 내용은 경기농림진흥재단의 서면 허락 없이는 어떠한 형태나 수단으로도 이용할 수 없습니다.

이 도서의 국립중앙도서관 출판예정도서목록(CIP)은 서지정보유통지원시스템 홈페이지(http://seoji.nl.go.kr)와
국가자료공동목록시스템(http://www.nl.go.kr/kolisnet)에서 이용하실 수 있습니다.(CIP제어번호: CIP2014030215)

도시텃밭으로

『2014 경기도 도시텃밭대상』 수상작품집

즐기는 일상

경기농림진흥재단
Gyeonggi Green & Agriculture Foundation

CONTENTS

도시를 살리는 농업

오경아(오경아 가든디자인 스튜디오 대표)

아일랜드의 킨세일Kinsale이라는 도시 이야기다. 이 도시의 주민들은 매주 일요일 시내 곳곳에서 에코 마켓을 열고 자신들이 가꾸고 기른 농산품, 축산물을 나눈다. 돈을 내고 사가기도 하지만 상당수는 물물교환으로 다른 농작물로 바꾸어 간다. 킨세일은 전 세계에서 가장 자급자족율이 높은 도시 중에 하나로 손꼽힌다. 이 마을에 이런 변화가 찾아온 것은 그리 오래된 일은 아니다.

2005년, 롭 호킨스 교수는 다가오는 에너지 파동에 대비해 도시 스스로가 자급자족이 가능해야 한다는 운동을 펼쳤고, 도시 속 공터를 텃밭으로, 농장으로 변화시키기 시작했다. 혹시 석유가 고갈돼 더 이상 식량의 운송이 불가능해져도 적어도 킨세일은 스스로 자립이 가능한 도시로 자리를 잡을 수 있도록 하기 위함이었다.

16세기 안데스의 깊은 산속에는 원주민들이 만든 주거지가 새로이 조성되었다. 누구에 의해 디자인 되었는지는 밝혀지지 않았지만, 이 산속 도시는 스페인의 군대에도 발각되지 않고 온전히 도시의 기능을 잘 수행했다. 특히 이 원주민의 산악 도시가 스페인 군대에 발각되지 않고 살아남을 수 있었던 것은 이들이 산 밑으로 식량을 구하러 내려가지 않아도 되는 완벽한 자급자족의 농업 시스템을 구축했기 때문이었다. 그 주거지의 이름이 바로 지금 우리에게 관광지로 널리 알려져 있는 마추픽추Machu Picchu다.

    해발 2430미터에 조성된 완벽한 자립도시. 이곳에는 도시 전체에 식량을 공급할 수 있는 농수로 시설을 비롯해 30미터 깊이로 파고 들어간 원형 계단식 농경지 등 고도로 발달된 농경문화가 도시와 어떻게 결합되어 생존이 가능했는지를 알려주는 귀중한 자료가 되고 있다.

    2008년을 기점으로 전 세계 인구 중 이미 50퍼센트 이상이 시골이 아닌 도시에서 거주를 하는 것으로 집계되었고, 이 수치는 앞으로 계속 증가해 2030년이 되면 지구 인구의 60퍼센트가 도시생활을 하게 될 것이라고 한다. 그런데 도시 생활의 가장 큰 문제점은 스스로 식량 자립이 이뤄지지 않는다는 점이다.

    몰려든 도시인들을 먹여 살리기 위해 우리는 지금 수십 킬로미터 혹은 수백 킬로미터 떨어진 농경지로부터 식량을 운반한다. 그 양이 거대 도시의 경우는 하루에 수백 톤에 이를 정도다. 농산물의 신선도가 떨어지는 것은 둘째로 치더라도 이 이동으로 파생하는 물류비용과 석유 등의 에너지 사용량은 실로 어마어마하다.

    만일 아일랜드의 킨세일 도시가 염려하고 대비하고 있는 것처럼 어느 날 석유나 에너지의 고갈이 찾아오면 도시는 꼼짝없이 굶어 죽을 수밖에 없는 노릇이다.

    이런 도시의 문제점을 해결하기 위해 많은 학자들과 전문가들은 도시농업이라는 해답을 추천해왔

다. 아직은 시작단계인 우리는 도시농업을 막연한 정서적, 사회적 이득으로만 보는 경향이 강하지만 실은 근본적으로 수십 년 후를 내다봤을 때 닥쳐올 재앙을 대비하는 보험이기도 하다. 통계 자료에 의하면 1 제곱미터의 공간을 텃밭으로 만들 경우 1년간 20킬로그램의 농작물이 수확되는 것으로 알려져 있다.

가난하고 배고픈 도시인들에게는 식량의 해결이라는 경제적 해답이 이 안에 숨어 있고, 또 대부분의 잎채소는 씨를 뿌린지 60일 안에 수확이 가능해 생각보다 해결 속도도 무척 빠르다. 이런 장점을 이미 많은 사람들이 공감하고 있기에 도시농업은 이제 전 세계적인 미래 키워드로 여겨지고 있다.

현재 도시 속에 발달하고 있는 농업의 형태는 매우 다양하다. 개인 사유 땅에서 경작되는 텃밭도 있지만, 회사 등의 직장 텃밭을 활용하는 경우, 아예 일정 땅을 빌려 상업적인 농작을 하는 경우, 마을 공동체로 경작되는 텃밭 정원, 또 자원봉사자의 활동으로 이뤄지는 커뮤니티 가든 등이 대표적이

다. 특히 직장이나 마을의 공동 경작으로 이뤄지는 도시농업은 식량의 제공이라는 장점만 지니고 있는 것은 아니다. 함께 농사를 짓는 사람들이 모여서 서로의 마음을 나누며 도시의 분위기를 긍정적으로 이끌어 내는 데 큰 역할을 한다.

물론 생태적 이점도 적지 않다. 농작물의 재배는 자연스럽게 수분을 도와주는 곤충을 부르고, 그 곤충을 보고 따라 들어 오는 새나 작은 포유류로 인해 야생동물이 인간의 곁으로 찾아오는 계기가 되기 때문이다.

결국 도시가 인간만으로 고립되는 현상을 막고 자연 생태계가 단절되지 않도록 이어주는 역할을 바로 이 도시농업이 어느 정도 해준다. 또 고층 건물 밀집지역의 경우는 옥상 정원을 발달시켰을 때 그냥 두었을 때와 달리 여름에는 뜨거운 햇살 차단 효과가 일어나고 겨울에는 찬 바람을 막아주는 3~4도의 단열 효과가 생겨난다. 1도의 온도를 낮추고 올리기 위해 우리가 얼마나 많은 에너지를 소비하고 있는지를 생각하면 엄청난 절감이 아닐 수 없다.

영국의 철학자 프랜시스 베이컨은 이미 수백 년 전 '인간이 발달시킨 문명이 찬란해지면 질수록 인간은 자연과 정원을 향해 고개를 돌릴 수밖에 없다'는 예언을 했다. 그 말이 이제 정말 현실적으로 절박하게 나타나고 있다는 것을 피부로 느낀다.

도시인을 모두 농업인으로 만들 수도 없고, 그럴 필요도 없다. 하지만 도시의 어디에선가는 도시인을 먹여 살릴 수 있는 농업이 일어나야 하고, 어느 정도는 자급자족의 도시 삶도 가능해져야 우리의 미래가 보장됨은 틀림없다.

그런 의미에서 최근 우리에게 불고 있는 도시농업의 바람이 큰 위안이 된다. 꼭 국가적인 거대한 조직적 운동이 반드시 좋은 결과를 가져오는 것은 아니다. 개개인의 가진 정서의 힘이 모여 이 사회를 변화시키는 원동력이 되기 때문이다.

이미 누가 시키지 않아도 스스로 만들고 있는 수많은 도시 속의 텃밭 정원과 농업의 현장에 상을 주고, 격려를 아끼지 말아야 하는 이유도 여기에 있지 않을까 싶다. 그런 의미에서 경기농림진흥재단의 도시농업 찾기의 노력과 수상 여부에 상관없이 스스로 텃밭을 일구어낸 지역인들과 직장인들에게 더 없는 큰 박수를 보낸다.

❦ 공모 개요 ❦

공모전명 : 『2014 경기도 도시텃밭대상』 공모전

공모기간 : 2014년 5월 1일(목) ~ 7월 31일(목)

공모분야 : 내 집, 내 직장 총 2개 분야

추진방향

- 생활공간(집, 학교, 직장, 공동주택 등) 곳곳에 자발적 녹색시민 문화 전개
- 직장, 아파트, 학교 등 커뮤니티 활성화 우수사례 발굴, 전파
- 우수사례에 대한 현장 탐방프로그램 추진으로 건강한 텃밭 붐 조성

시상내역 : 총 23개소, 13,400,000원, 동판 또는 상패 제작

구분	상금	
대상(2개소)	각 2,000,000원	
부문별 시상	내 집	내 직장
최우수상(1개소)	각 1,000,000원	–
우수상(각 2개소)	각 500,000원	각 1,000,000원
장려상(각 3개소)	각 300,000원	각 500,000원
특별상(10개소)	각 300,000원	

* 특별상: 에코데미상(3), 그린시티상(4), 커뮤니티상(3)

* 분야별 시상을 원칙으로 하며, 분야별 입상작이 없을 경우 통합하여 시상

시상식 : 2014년 11월 6일(목) 14:00 성남시 노인보건센터

- 시상식 시 각 수상지별 동판 제작 및 부착
- 우수 텃밭의 지속적인 홍보를 위하여 '수상작품집' 제작 및 판매

추진일정

- 공모 및 접수 : 2014년 5월 1일(목) ~ 7월 31일(목)
- 1차 서류심사 : 2014년 8월 13일(수)
- 2차 현장심사 : 2014년 8월 20일(수) ~ 9월 3일(수)
- 최종당선작 발표 : 2014년 9월 24(수) 14:00

공모요강

공모기간 : 2014년 5월 1일(목) ~ 7월 31일(목)
공모분야 : 내 집, 내 직장 총 2개 분야

구분	응모 대상 기준	신청구분
텃밭 유형	상자텃밭, 베란다텃밭, 옥상텃밭, 학교농장, 노인 · 다자녀 · 다문화가족농장 등	
내 집 텃밭	− 개인 · 공동 주거공간에 해당하는 모든 곳 · 아파트, 주택, 오피스텔의 베란다 / 마당 · 공동주택의 부녀회, 자치위원회 등의 공동텃밭	개인 / 단체
내 직장 텃밭	− 직장에 해당하는 단체 · 기관 모두 · 회사, 학교, 유치원, 병원, 공장 등 직장의 텃밭	직장 / 단체

응모자격

- 경기도 내 소재한 내 집 · 내 직장 텃밭을 가꾸고 있는 개인 및 단체
- 텃밭 성장과정을 설명과 함께 사진으로 기록(가능)한 개인 및 단체
- 응모서류 : 공모전 참가신청서(사진 포함), 개인정보 수집 · 이용에 대한 동의서

신청방법 및 내용

- 재단 홈페이지(www.ggaf.or.kr) 또는 블로그(http://blog.naver.com/ggaf_ctfarm)에 제시된 신청양식에 의거 온라인 작성 후 이메일(ggaf_ctfarm@naver.com)로 발송
- 온라인 신청 시에는 텃밭의 이름, 유형, 위치, 면적, 텃밭관리기간, 주요 작물, 텃밭 소개 등의 조사가 포함되어 있음
- 텃밭 사진 10매 이상 첨부

❖ 심사평 ❖

심사위원장 전정일(신구대학교 원예디자인과 교수)

텃밭, 이름만 들어도 왠지 마음이 푸근해집니다. 아마도 텃밭과 관련된 추억들이 떠올라서인 것 같습니다. 아주 어린 시절, 제가 살던 집은 지방 중소도시의 외곽지역에 있었습니다. 들에서 아이들과 메뚜기도 잡고, 친구네 밭에서 고구마를 캐 먹기도 하는 것이 놀이였습니다.

집안 마당 한쪽은 상추, 고추, 가지가 어머님의 손길로 튼튼하게 자라고 있었습니다. 날씨가 더워질 무렵, 마당에서 바로 따낸 상추 잎에 고추장을 바르고 밥을 싸먹으면 순식간에 밥 한 그릇을 비우곤 했습니다.

학교 운동장도 저의 놀이터였습니다. 채송화, 샐비어 등 꽃이 심어져 있던 화단과 토끼 먹이로 주

성명	소속(직책)	성명	소속(직책)
전정일	신구대학교 (원예디자인과 교수/식물원연구소장)	김인호	신구대학교 (환경조경과 교수/식물원장)
강희중	경기도 농업정책과 (농촌관광팀장)	김진희	삼육대학교 원예학과 (연구교수)
김덕일	푸른경기21실천협의회 (녹색사회경제위원회 위원장)	신동헌	사단법인 도시농업포럼 (공동대표)
김석종	경기도 친환경농업과 (식량관리팀장)	이복자	텃밭보급소 (소장)

려고 무 · 배추를 키우는 밭이 학교 운동장의 한쪽에 자리를 잡고 제 놀이터가 되어 주었습니다.

시간은 삼십 년을 훌쩍 넘어 하나뿐인 딸아이가 초등학교에 입학하던 해입니다. 유치원에서 텃밭을 경험한 아이는 아빠하고 주말농장을 하게 해달라고 졸라댑니다. 식물 가꾸기가 얼마나 수고로운 일인지 아는 게으른 아빠는 이리저리 핑계를 대보지만 방법이 없습니다. 바쁜 시간을 쪼개 주말농장을 시작합니다. 흙을 고르고 씨앗을 뿌리고 모종을 내고 딸과 아빠 엄마는 마냥 즐겁게 흙을 만집니다. 상추 잎을 따고, 고추를 따고, 감자와 고구마도 캐고, 한해를 딸애와 함께 밭에서 보냈습니다. 딸애 친구들도 같이 데려가 상추 잎을 한 봉지씩 따게 하면 그날 저녁은 집집마다 상추쌈으로 즐거운 시간이었습니다. 덕분에 저는 사실과 다르게 딸애 친구들과도 놀아주는 좋은 아빠의 이미지를 가지게 되었습니다.

지난 삼십여 년간 어른이 되는 과정에서 느끼던 갈증이 무엇이었는지 주말농장을 하면서 깨닫게 되었습니다. 삭막한 도시에서 일에 매달려 가족과의 관계도 멀어지고 이웃들과의 관계는 전혀 기대할 수 없는 속에 느끼는 갈증이었던 것입니다. 아이와 함께 그렇게 긴 시간을 함께 해본 때는 없었습니다. 더구나, 아이의 친구들과 함께했던 시간은 아마도 주말농장이 아니었다면 있을 수 없었을 겁니다.

몇 년이 흘렀습니다. 경기농림진흥재단에서 '도시텃밭 공모' 심사를 해달라고 합니다. 심사라기보

전정일
신구대학교
(원예디자인과 교수/식물원연구소장)

김덕일
푸른경기21실천협의회
(녹색사회경제위원회 위원장)

강희중
경기도 농업정책과
(농촌관광팀장)

김석종
경기도 친환경농업과
(식량관리팀장)

다는 배운다는 마음으로 참여했습니다. 재단 관계자분들이 놀란 이상으로 저도 무척 놀랐습니다. 그 많은 분들이 응모하셨다는 사실에, '도시'에 사는 분들이 저와 똑같이 갈증을 느끼고 있다는 것을 깨달았습니다. 그 갈증을 풀어낸 방법은 너무나도 다양했습니다.

심사를 위한 기준들도 공교롭게 이러한 '갈증'을 잘 풀어내고 있는가를 살펴보는 항목이 여럿 있었습니다. 예를 들어, 서류심사의 항목 중에 있었던 온라인매체(블로그 등)를 활용해 텃밭조성의 의미 및 가치를 공유한 바 있는지? 텃밭 및 수확물을 일상생활에서 얼마나 활용하고 있나? 또 이웃과 공유한 바 있는지? 등의 항목은 도시민들이 느끼는 갈증을 해소하는 방법을 제시하는 것이었습니다. 또, 현장심사의 항목 중에 텃밭조성 이후에 긍정적인 변화의 체감 정도, 텃밭에서의 시간활용이 구성원들 간의 친밀도 상승에 효과적이었는지? 텃밭에서 가족 및 동료들과 '함께'하는 시간을 얼마나 보내는지 등도 치유와 소통을 강조하는 부분이었습니다.

이번에 응모한 수많은 텃밭들이 우리들에게 갈증을 풀어내는 방법을 알려주었습니다. 그중에 성남 시 노인보건센터의 '고향의 뜰'과 삼성SDI의 '소통의 텃밭'이 대상을 수상하게 되었지만, 그 외의 모든 도시텃밭들도 훌륭한 가치를 보여주었습니다. 이 모든 텃밭들의 사례를 통해 서로와 '함께'하는 방법을 배울 수 있기를 기대해 봅니다.

김인호
신구대학교
(환경조경과 교수/식물원장)

신동헌
사단법인 도시농업포럼
(공동대표)

김진희
삼육대학교 원예학과
(연구교수)

이복자
텃밭보급소
(소장)

　　도시텃밭은 현대인과 도시인의 '치유와 소통의 공간'이라고 생각합니다. 도시텃밭을 매개로 하여 가족, 지역, 사회와 교감하는 분들이 더욱더 많아지기를 기원해봅니다.

『2014 경기도 도시텃밭대상』 수상자

구분		내 직장	내 집
공동대상		성남시 노인보건센터, 삼성SDI주식회사	
최우수상		–	김명재
우수상		분당 차병원	대림4단지아파트 관리사무소
		(주)인비트로플랜트	이건희
장려상		LH공사	김미순
		(주)대우루컴즈	사우동 주민자치위원회
		문화예술놀다	이규섭
특별상	에코데미상		가톨릭대학교 농락
			안산원곡초등학교
			시흥응곡중학교
	그린시티상		방선영
			양주소방서
			이봉연
			텃밭을 사랑하는 모임
	커뮤니티상		서천마을 휴먼시아3단지
			평택 YMCA 안중청소년문화의집
			한라비발디아파트

성남시 노인보건센터

"직원들의 효심과 땅으로 일군 옥상텃밭과 공원,
외부와 접촉이 적고 바깥 활동 기회가 없는 요양시설의 힐링공간"

위치 경기도 성남시 중원구 상대원동 269-10
면적 73.1m²
텃밭유형 옥상텃밭
주요작물 고추, 호박, 방울토마토, 가지, 고구마, 깻잎 등
수상자 성남시 노인보건센터

직원들의 효심과 땀으로 일군 우리 회사 옥상텃밭과 공원을 소개합니다.

평소 바깥환경을 접촉할 기회가 없는 노인요양시설 입소 어르신에게

푸른 자연과 고향의 뜰 같은 환경을 접해드리고자 직원들이 자발적 동기로

일심 단합하여 고추, 호박, 오이, 방울토마토, 상추 등 다양한 작물을 텃밭에 심고,

수일에 걸쳐 연못 자갈 등을 청소하여 잉어와 붕어를 연못에 방생, 옥상을 누빌 토끼 8마리도 풀었습니다.

삭막했던 옥상이 텃밭이 있는 공원으로 탄생한 감동적인 순간입니다.

텃밭 가꾸기는 외부와 접촉이 적고 바깥 활동 기회가 없는 요양시설 어르신에게 힐링을 주었습니다.

매주 정기적으로 옥상 텃밭을 이용한 원예프로그램을 운영하며

우울증과 인지 개선 효과가 나타나는 것을 전 직원이 함께 경험하였습니다.

텃밭을 가꾸며 자연이 가져다주는 힘과 힐링, 느낌을 함께 공유했으면 합니다.

텃밭을 일구기 위해 직원들과 할머니들이 합심하여 땅을 고르고, 흙을 부드럽게 하기 위해 물도 뿌려주었습니다.

아무것도 없는 허전한 텃밭을 꾸며주기 위해 어르신들이 직접 모종을 심어 주고,

그림도 그리고 색칠도 해서 장식품을 만들었습니다.

햇볕이 좋은 텃밭에서 운동도 하고 꽃꽂이도 하며 즐거운 시간을 보내다보니 어느덧 작물이 키가 컸어요.

더 자랄 수 있게 잡초도 뽑아줘야겠죠?

봄에 심어놓은 오이와 고추 그리고 가지들, 어느새 우리
텃밭은 푸름이 가득합니다. 고구마는 조금만 더 있으면 맛
있게 먹을 수 있고, 겨울에 김장 담을 배추와 무는 어서 자
라야 할 텐데…….

어르신들에게 햇빛과 자연이 가져다주는 효과는 정말 중요하다고 합니다.
요양시설 어르신들에게 야외 소풍 온 기분을 물씬 느끼게 해줄 옥상텃밭에서의 점심도시락.
무표정이시던 얼굴엔 미소가 번지고 식사도 평소 2배나! 어르신 한분께서 말씀하셨습니다.
"식사가 이렇게 맛있는 줄 몰랐습니다. 먹는 것의 즐거움을 알게 해줘서 고맙습니다."
설레는 마음으로 가꿨던 신록新綠들에 열매가 달리고 옥상이 푸른 텃밭으로 성장하면서
어르신 입가에도 함께 미소가 번지는 것을 전 직원이 함께 경험하였습니다.

TIP 1. 깻잎은 텃밭에 유기질이 풍부한 거름을 주고 노면에 비닐을 덮어 날아가
는 수분을 잡고 물만 잘 주면 관리 없이 잘 자라는 품종입니다.

Q 텃밭이 가장 멋진 계절은 언제인가요?

A 봄부터 늦여름까지가 가장 멋진 것 같습니다. 봄에 싹을 틔우고 자
란 잎과 줄기들이 가장 싱그럽고 예쁜 색을 띠며 풍성해지는 시기이기
때문입니다. 자연의 녹색은 언제 보아도 정말 아름답고, 예쁘게 자라는
작물을 보고 있는 것만으로도 마음이 풍성해지는 것 같습니다.

Q 본인만의 텃밭 가꾸기 노하우가 있다면 무엇인가요?

A 텃밭을 돌보는 어르신들의 예쁜 마음과 식물들이 자라는 모습을
보면서 즐거워할 어르신들을 생각하며 열심히 텃밭을 가꾸는 직원들
의 효심. 마지막으로 지역주민들에게 아름다운 자연과 휴식처를 제공
하고자 노력하는 직원들의 단합심이 아닐까 합니다. 거기에 관심과 애
정을 듬뿍 담아 관리하고 가꾸는 것이 노하우라면 노하우겠지요.

Q 실패를 반복하며 노력한 끝에 성공한 텃밭농사 사례가 있나요?

A 깻잎 재배에 고생을 좀 많이 했습니다. 모종을 심으면 무럭무럭 자
랄 것이라고 예상했지만 그렇지 못해 텃밭에 거름을 주고 노면에 비닐
을 덮어 날아가는 수분을 잡고 잡초제거를 최소화한 끝에 성공할 수
있었습니다. 그때의 기쁨은 말로 다 할 수 없을 것 같습니다.

Q 텃밭에서 가장 자랑하고 싶은 특징적인 작물은 무엇인가요?

A 고추와 호박입니다. 인위적으로 만들어 놓은 텃밭임에도 불구하고
병에 걸리지도 않고 잘 큰 것이 매우 예쁘고 자랑하고 싶은 일이지만,

튼튼하게 자라서 수확과 자람을 반복해 많은 사람이 맛보고 공유할 수
있었던 점이 가장 좋았습니다.

Q 텃밭 가꾸기를 통해 얻은 가장 큰 효과는 무엇인가요?

A 바깥활동이 자유롭지 못한 어르신들이 직접 텃밭의 흙을 고르고
작물을 심고 가꾸는 활동을 통해 손을 움직이고, 흙과 작물을 만지고
식물이 자라 열매를 맺는 데서 즐거움과 보람을 느끼며 좋아하는 모습
이 보기 좋았습니다. 또한, 직원들은 평소 가까이하기 힘들었던 자연
을 가까이함으로써 정서적인 안정감과 자연이 주는 산뜻함, 여유, 아
름다움, 수확의 보람을 느낄 수 있었습니다. 텃밭은 어르신과 직원들
모두에게 삶을 순환하고 여유와 보람을 주는 중요한 곳이라고 생각합
니다.

노인보건센터 정민지씨(왼쪽에서 두번째)

대상

경기도 도시텃밭대상 공모전

2014

삼성SDI주식회사

소통의 텃밭

"회사 유휴공간을 활용한 공동텃밭,
'사랑의 김장담그기' 행사로 지역사회 공헌에도 이바지"

위치 경기도 용인시 기흥구 공세동 428-5
면적 1,332.3m²
텃밭유형 공동텃밭
주요작물 고추, 오이, 참외, 수박, 배추, 토마토 등
수상자 삼성SDI주식회사 기흥사무소

회사 유휴공간을 활용하여 임직원 모두가 함께할 수 있는 소통의 텃밭을 조성하였습니다.
임직원들은 파종부터 수확까지 농작물을 재배하며 사무실에서 하지 못했던 이야기들을
텃밭에서 하는 등 활짝 열린 소통의 장을 체험하고 있습니다.
텃밭은 사내 어린이집 아이들의 야외 체험 학습장으로도 활용되고 있습니다.
5~7월까지는 유기농으로 재배한 수확물을 임직원 식사메뉴에 제공하고
겨울에는 사랑의 김장담그기 행사로 지역사회 공헌에도 이바지하는 공간으로 활용·운영하고 있습니다.
우리 회사의 우수사례를 타 회사에도 소개하여 회사 내 자연과 함께 할 수 있는
힐링의 공간, 도시텃밭의 우수성을 알리고 싶습니다.

회사 유휴공간을 활용한 소통의 텃밭은 자연과 함께 할 수 있는 힐링의 공간입니다.

도심에서 쉽게 재배 가능한 상추, 깻잎, 고추 등 여러 작물을 재배하고,

수확한 작물은 임직원 식사 메뉴에 제공되기도 합니다.

잡초를 제거하고 텃밭에 물을 주며 업무시간에 쌓인 스트레스를 해소하고

'내 것'이 아닌 '우리' 텃밭을 가꾸는

즐거움을 찾고 있습니다.

잘 자란 배추는 비스듬히 눌러 쓰러뜨린 다음 밑동을 칼로 살살 도려내서 수확을 합니다.

시들시들해진 겉잎은 시래기로 이용하면 되기 때문에 한 곳에 따로 모아둡니다.

이렇게 수확한 배추들은 임직원들의 자발적인 봉사활동 '사랑의 김장담그기' 행사에 이용됩니다.

삼성SDI의 사랑의 김장담그기 행사는 매년 진행해 오던 정기행사 중의 하나입니다.

소통의 텃밭에서 직접 심은 배추를 가지고 김장을 하기 때문에 어느 김치보다 특별한 김장김치가 됩니다.

임직원들의 소통창구였던 소통의 텃밭에서 일구어 낸 사랑의 김장김치는 차원이 다른 최고의 맛입니다.

"선생님 이건 뭐예요?"
여기저기서 아이들의 행복한 웃음소리가 들립니다.
삼성SDI 소통의 텃밭은 사내 어린이집 아이들의 체험학습장으로도 이용됩니다.
텃밭 체험은 성장기 아이들에게 자연을 좀 더 가깝게 느낄 수 있는 기회를 제공해 정서적으로 좋은 영향을 줍니다.
아이들은 흙을 밟고, 채소들이 자라는 과정을 보며 행복함과 생명의 소중함, 수확의 기쁨을 느낄 수 있습니다.

회사 내 자연과 함께 힐링의 공간이 된 소통의 텃밭은
리프레시존이 되어 임직원들의 쉼과 에너지 충전을 돕고 있습니다.
푸른 텃밭을 보며 눈을 정화하고 마음을 차분히 하면 일의 능률은 자연스럽게 올라갑니다.

TIP 1. 유기농 텃밭은 화려하지는 않지만, 건강 텃밭으로는 최고임을 자부합니다.

Q 텃밭이 가장 멋진 계절은 언제인가요?

A 3~4월 사이 텃밭에 심은 작물이 5~6월 사이에 수확되어 그때가 날씨와도 가장 잘 어울리고 좋은 것 같습니다.

Q 본인만의 텃밭 가꾸기 노하우가 있다면 무엇인가요?

A 내 자녀가 먹는 음식이라 생각하고 가꾸는 것이 중요합니다. 또한 책이나 인터넷 등 다른 분들이 텃밭을 가꾸는 것을 보고 늘 공부하고 있습니다.

Q 실패를 반복하며 노력한 끝에 성공한 텃밭농사 사례가 있나요?

A 대규모 텃밭을 유기농으로 가꾸는 것이 힘들었습니다. 텃밭에서 수확한 작물은 회사 구내식당에서 식재료로 쓰이고, 집에서 내 가족의 먹거리로 사용할 계획이었기 때문에 유기농으로 재배하는 것을 원칙으로 삼았습니다. 직원들도 텃밭을 관리하며 자주 들여다봤지만, 주로 맡아서 관리하는 차장님께서 책도 많이 읽고 인터넷을 통해서도 많은 정보를 습득해 직장텃밭이 건강하게 자라날 수 있도록 많은 노력을 하셨습니다. 그 노력의 결과로 화려하지는 않지만, 화학비료를 전혀 사용하지 않은 유기농 건강 텃밭으로 지금까지 유지될 수 있었습니다.

Q 텃밭에서 가장 자랑하고 싶은 특징적인 작물은 무엇인가요?

A 6~7월에는 수박, 참외, 토마토가 잘 익는 계절이고, 수확한 과일은 어린이집 아이들 생일 때마다 제공되어 아이들이 본인이 키운 작물을 직접 눈으로 보고 먹는 즐거움까지 제공하고 있습니다. 11~12월에는 배추, 무, 총각무를 수확하여 경기지역 독거노인에게 사회공헌활동으로 제공하고 있고, 무공해로 키운 작물이라 자랑하고 싶습니다. 직접 수확한 농작물로 담근 김치는 기존 판매하는 김치보다 훨씬 아삭하고 맛도 좋습니다.

Q 텃밭 가꾸기를 통해 얻은 가장 큰 효과는 무엇인가요?

A 회사 유휴공간을 활용하여 임직원 소통 공간과 삭막한 회사 내 자연과 함께 할 수 있는 힐링의 공간이 만들어졌다는 것이 가장 큰 변화일 것입니다. 이 텃밭이 사내 어린이집 아이들의 체험학습장, 5~7월까지는 유기농으로 재배한 수확물을 임직원 식사 메뉴에 제공하고 겨울에는 사랑의 김장담그기 행사로 지역사회 공헌에도 이바지할 수 있다는 것이 저희 삼성SDI 임직원에게 가져다준 행복이 아닐까 생각합니다.

삼성SDI주식회사 조성훈 차장

내 직장 텃밭부문 수상작

경기도 도시텃밭대상 공모전
2014

분당 차병원

생명정원

"말라 비틀어진 화분을 살리는 것에서
시작한 녹색정원"

위치 경기도 성남시 분당구 야탑동 351
면적 132.2m²
텃밭유형 옥상텃밭
주요작물 토마토, 상추, 호박, 고추, 양파
수상자 분당 차병원

분당 차병원에는 조경기사가 한 분 계십니다. 급여를 받고 작물을 관리하는 것이 아닌 그냥 꽃이 좋고 녹색의 채소를 좋아하시는 분입니다. 처음에는 병원에 들어왔다가 곳곳에서 말라 버려진 화분을 살리는 것에서 시작하여 이제는 아름다운 녹색정원이 들어서게 되었습니다.
녹색 식물이 하나둘 얼굴을 내밀고 한낮의 뜨거운 햇볕을 주렁주렁 매달린 화초 호박과 조롱박이 가려주는 작은 쉼터는 직원들의 휴식공간이 되었습니다. 안전사고 위험 때문에 아직은 환자들에게 개방하지 않았지만, 조만간 환자들에게도 개방하여 생명 정원으로서의 가치를 맘껏 뽐낼 예정입니다. 텃밭 가꾸기는 시간이 지나면서 수확하는 작물의 종류도 변화무쌍하다는 것과 생명의 소중함을 새삼 알게 해주었습니다.

꽃을 좋아하고 녹색의 채소를 좋아하는 조경기사님 덕에 병원 건물 11층 옥상정원에
녹색식물이 하나 둘 얼굴을 내밀었습니다. 아직은 안전사고의 위험 때문에 환자들에게 개방하지
않았지만 조만간 환자들에게도 개방해 생명 정원으로서의 가치를 맘껏 뽐낼 예정입니다.
잘 자란 화초 호박과 조롱박은 한낮의 뜨거운 햇볕을 가려주기도,
작은 쉼터를 마련해주기도 합니다.

환자를 대하는 마음으로 텃밭을 정성스럽게 가꾸다 보니 채소들이 하루가 다르게 쑥쑥 자라는 모습이
정말 사랑스럽고 대견스럽단 생각이 듭니다. 채소가 쑥쑥 자라는 만큼 잡초 역시 빨리 자랍니다.
제대로 신경 써주지 않으면 텃밭이 아닌 잡초밭이 되기 십상이지요.
틈나는 대로 옥상텃밭에 올라가 물도 주고 휴식도 취하며 바쁜 일상 속 여유를 찾습니다.

TIP. 넝쿨 작물을 심을 때는 지줏대를 튼튼히 해야 비바람도 막을 수 있고, 뿌리 채 뽑히는 것도 예방할 수 있습니다.

Q 텃밭이 가장 멋진 계절은 언제인가요?

A 6월부터 치레, 상추 등을 수확하기는 하지만, 그래도 텃밭의 아름다움을 느낄 수 있을 때는 방울토마토, 조롱박, 고추, 수세미 등 열매가 알알이 맺기 시작하는 8월이라고 생각합니다.

Q 본인만의 텃밭 가꾸기 노하우가 있다면 무엇인가요?

A 텃밭 가꾸는 일의 노하우는 무엇보다 내가 즐기는 것입니다. 내가 좋아서 즐기며 하는 것과 아닐 때의 결과물은 확연히 다릅니다. 자식 사랑하듯 물을 주고 가지를 치며 기른 작물을 나눠줄 때의 기분이란 아끼고 아낀 자식 시집 장가보내는 기분이랄까요.

Q 실패를 반복하며 노력한 끝에 성공한 텃밭농사 사례가 있나요?

A 텃밭을 가꾸면서 여러 번의 시행착오를 겪은 것은 넝쿨 식물 농사입니다. 무공해 식물이라 손도 많이 타고, 병충해도 많고 비바람이 칠 때면 뿌리째 뽑혀서 망쳤던 경우가 허다했습니다. 그래서 지금도 주렁주렁 달린 조롱박을 볼 때면 뿌듯합니다.

Q 텃밭에서 가장 자랑하고 싶은 특징적인 작물은 무엇인가요?

A 텃밭 가득 열매 맺은 풋고추와 청양고추가 으뜸입니다. 올해 80kg의 수확을 이뤄 병원 여러 부서로 분배할 예정입니다. 그 외 특이 작물로는 비트와 황도 복숭아를 꼽을 수 있겠습니다. 특히 복숭아는 이렇게 당도가 높은 건 처음 먹어봤다는 이야길 들었을 정도입니다.

Q 텃밭 가꾸기를 통해 얻은 가장 큰 효과는 무엇인가요?

A 매일 텃밭을 가꾸느라 이곳저곳을 다니면서 젊음과 활력을 되찾는다는 것과 직접 수확한 작물을 직원 모두와 나누면서 느낀 기쁨과 즐거움이라 할 수 있습니다.

분당 차병원 김정은 간호사

(주)인비트로플랜트

해
와

달

행
복
텃
밭

"꽃밭보다 아름다운 채소밭을 만들어 공원을 산책하는
시민들에게 즐거움을 주는 시민참여형 공원텃밭"

위치 경기도 수원시 권선구 구운동 일월공원 내
면적 300m²
텃밭유형 시민참여형 공원텃밭
주요작물 계절채소, 허브, 과수 등 160여 가지
수상자 (주)인비트로플랜트

'해와 달 행복텃밭'은 수원시 일월공원에 위치한 시민참여형 공원 텃밭입니다.
2013년 4월 직장 텃밭으로 분양받았지만, 현재는 꽃밭보다 아름다운 채소밭을 만들어 공원을 산책하는
시민들에게 즐거움을 주는 시민참여형 공원 텃밭으로 탈바꿈해 아름다운 일월공원의 명소로
자리 잡아가고 있습니다. 친환경 텃밭을 조성하기 위해 화학농약, 비닐 멀칭과 플라스틱 소재를
사용하지 않고 기계의 힘을 빌리지 않는 3無 농법으로 농사짓고 있습니다.
이를 위해 식물의 궁합을 이용한 섞어짓기companion planting와 볏짚과 왕겨를 이용한 유기물 멀칭,
천연 농약과 친환경약제로 병해충을 방제했습니다. 안전 먹거리 생산 기능을 넘어
도시의 경관을 좋게 만들고, 지역주민 간의 유대를 좋게 하는 커뮤니티가든 기능,
노인계층의 자존감과 성취감을 고양하는 생산복지 기능을 담당하는
도시텃밭 보급을 위해 행복텃밭을 많은 사람들에게 소개하고 싶습니다.

지난해 초까지만 해도 폐비닐하우스가 나뒹구는 버려진 땅을 비닐 멀칭 대신 볏짚과 왕겨를 사용하고,
미생물을 투여해 친환경 텃밭을 만들었습니다. 이제는 일월공원의 명소로 공원을 산책하는 시민에게 즐거움을 주는
공원텃밭이 되었습니다. 지난 7월 텃밭에서 수확한 채소와 과일들로 음식을 만들어 나눠 먹는
팜 파티Farm Party가 열렸습니다. 텃밭을 가꾼 우리도, 참여한 시민들도 모두 행복한 시간이었습니다.

해와 달 행복텃밭은 시민참여형 공원 텃밭의 모범적인 사례가 되어 농사에 관심 많은 요리사,
농촌진흥청 도시농업팀의 전문가 등 전국의 도시농부와 전문 농업경영인이 자주 견학을 옵니다.
먹거리 생산 기능을 넘어 도시의 경관을 좋게 만들고, 생산복지 기능을 담당하는
도시텃밭 보급을 위해 행복텃밭을 더 많은 사람들에게 소개하고 싶습니다.

TIP. 친환경텃밭 조성을 위해 비닐 멀칭을 하지 않고 볏짚과 왕겨로 멀칭했습니다.

Q 텃밭이 가장 멋진 계절은 언제인가요?

A 6월입니다. 5월의 텃밭이 결실의 시작이라면 6월의 텃밭은 노지텃밭 특유의 왕성하고 견고한 수확물들의 절정을 경험할 수 있습니다.

Q 본인만의 텃밭 가꾸기 노하우가 있다면 무엇인가요?

A 아름답고 건강한 텃밭을 가꾸기 위한 원칙이 있습니다. 비닐, 화학농약, 기계를 사용하지 않고, 볏짚과 왕겨로 멀칭을 하고, 커피 찌꺼기와 유기퇴비, 직접 만든 천연 농약 사용, 대나무(신우대) 지주와 마 끈으로 묶기, 작물의 궁합을 이용한 재배법(섞어짓기 companion planting)을 활용해서 농사를 짓는 것입니다. 특히 작물궁합을 이용한 재배법은 효과가 큰데, 일례로 토마토 옆에 메리골드를 심으면 보기도 좋고 토마토 해충을 쫓는 역할을 해 효과적입니다. 또 바질을 가까이 심으면 토마토 열매의 향이 좋아집니다.

Q 실패를 반복하며 노력한 끝에 성공한 텃밭농사 사례가 있나요?

A 도시텃밭의 토양이 척박하면 화학비료 없이 작물을 생산하기가 쉽지 않습니다. 이때 지속적으로 흙을 살리는 것이 중요한데 이를 위해 유기물(볏짚과 왕겨) 멀칭을 꾸준히 하고 미생물을 투여하니 이듬해에 흙의 느낌이 달라지고 작물이 건강하게 자라는 것을 경험하게 되었습니다.

Q 텃밭에서 가장 자랑하고 싶은 특징적인 작물은요?

A 160가지 이상의 다양한 채소와 허브, 꽃이 자라지만 그중에서도 울화병에 좋다고 하는 '토종박하(코리아민트)', 백두산에 자생하는 '백산차', 멜론과 망고 맛을 동시에 맛볼 수 있는 '페피노(메론피어)'를 자랑하고 싶습니다. 지나치면 풀이지만 가꾸면 약이 되는 까마중과 괭이밥, 비단풀, 민들레도 정성으로 키우고 있습니다.

Q 텃밭 가꾸기를 통해 얻은 가장 큰 효과는 무엇인가요?

A 시대의 스승이셨던 법정 스님께서 말씀하신 당신을 행복하게 하는 네 가지 중에 '일손을 기다리는 채소밭'이 있습니다. 수확의 즐거움, 안전한 먹거리도 좋지만 흙을 만지고 생명을 가까이하는 텃밭 가꾸기 과정은 일상에 매몰되어가는 저 자신을 변화시킨 것 같습니다.

(주)인비트로플랜트 김태현 대표

LH공사

LH 나눔텃밭

"입주민의 적극적인 참여로
지역공동체 활동 강화와 커뮤니티 활성화"

위치 경기도 용인시 기흥구 영덕동 1099번지
면적 14,975.6m²
텃밭유형 도시텃밭
주요작물 토마토, 호박, 상추, 벼농사
수상자 LH공사

LH 보유자산을 활용하여 지역주민의 나눔 문화 확산과 자연과 사람이 공존하는,
생태적이고 지속가능한 마을 공동체 기반을 제공하고자 텃밭을 조성하였습니다.
나눔텃밭은 LH 아파트 입주민 등의 적극적인 참여로 지역공동체 활동의 강화를 통한
커뮤니티 활성화에 이바지하고, 나아가 지역 일자리 창출 기반을 마련하고자
시작되었습니다. 화학비료를 사용하지 않고 직접 친환경으로 농사를 지어
지역주민에게 일정량을 기부하는 LH 나눔텃밭의 취지를 널리 알리고 싶습니다.

나눔텃밭은 농약, 제초제, 화학비료, 비닐덮개를 쓰지 않고,
거름도 만들어 쓰며 전통농업을 실천하고 공동체를 지향합니다.
내 가족과 함께 씨를 부리고 텃밭을 가꾸는 도시농부들이 또 다른 도시농부들과
소통하는 재미를 느낄 수 있는 공간으로 운영합니다.

TIP. 격자무늬 지줏대를 만들어 호박을 심으면 다른 농작물을 건드리지 않고 자랄 수 있습니다.

수상기관 인터뷰

LH 공사 홍보실 임수정씨

Q 텃밭에서 가장 자랑하고 싶은 특징적인 작물은 무엇인가요?

A 호박이 열릴 수 있도록 격자무늬로 칸칸이 만든 버팀목이 저희 텃밭의 자랑입니다. 격자무늬 버팀목을 따라 호박덩굴이 올라가면서 다른 텃밭을 침범하지 않고 멋진 그림이 되어 주었습니다.

Q 실패를 반복하며 노력한 끝에 성공한 텃밭농사 사례가 있나요?

A 처음 열무를 심었지만 벌레가 먹는 등 실패를 하였습니다. 그 자리에 토마토 순을 꺾어 심었는데(원래부터 있는 모종이 아니라 옆의 토마토 순을 꺾어 심었음) 며칠 몸살을 앓아 시르시름 하더군요. 그리고 일주일 뒤에 가 보니, 튼튼히 뿌리를 내리고 있는 모습에서 자연의 신비로움을 느꼈습니다. 살기 위하여 뿌리를 내리고, 열매를 맺는 모습에서 많은 점을 배웠습니다.

Q 텃밭 가꾸기를 통해 얻은 가장 큰 효과는 무엇인가요?

A 관심을 갖고 열심히 키우면 계절마다 열매를 맺고, 관심을 주지 않으면 시들어 버리는 작물을 보며 텃밭의 정직함을 배웠습니다. 처음의 무관심은 식물들에게 스스로 자랄 수 있는 능력을 주지만, 그보다 더한 무관심은 자랄 수 없는 불능 상태가 된다는 것도 알았습니다. 떨어진 열매가 다시 비료가 되어 땅과 다른 작물에 도움을 주는 모습 등 텃밭은 정직함과 생명의 귀중함을 느끼게 하는 좋은 경험이었습니다.

(주)대우루컴즈

루컴즈 그린팜

"단순히 농사를 짓는 것이 아닌
직원 화합의 장으로 활용되는 텃밭"

위치 경기도 용인시 처인구 포곡읍 금어로 238
면적 424m²
텃밭유형 공동텃밭
주요작물 고구마, 상추, 쑥갓, 고추, 대추 등
수상자 (주)대우루컴즈

2008년 본사 및 공장 소재지 여유 공간에 매년 조그맣게 텃밭을 가꿔오다 올 5월경 전남 해남 농장에서
고구마 모종을 구매하여 150평 밭에 심어 본격적 텃밭 가꾸기를 시작했습니다.
기존에 키워오던 상추와 고추, 쑥갓 등은 사내 식당에서 친환경 식자재 먹거리로 사용하고 있으며
양재동 화훼시장에서 몸에 좋은 대추나무를 구매해 심고 부직포로 덮어놓았습니다.
2~3년 후면 실한 대추를 수확할 수 있을 것 같습니다. 10월경엔 전 직원 고구마 캐기 행사로
직원 가족들과 화합의 장을 마련할 예정으로, 단순히 농사를 짓는 것이 아닌
직원 화합의 장으로써 텃밭을 활용하고 싶습니다.

고구마는 심기 2주 전 비닐 멀칭을 한 후 모종을 45도 각도로 비스듬히 한 뼘 간격으로
땅속에 심고, 대추나무는 물 빠짐이 좋게 고랑을 만들어 심었습니다.
비닐 멀칭을 했음에도 고구마밭에는 잡초가 무성하여 주말에 틈틈이 직원들이
돌아가며 잡초를 제거했습니다. 올가을 직원 가족들과 화합의 장 행사에
직접 가꾼 고구마를 수확해 가면 정말 기쁘겠죠?

TIP. 고구마는 모종 심기 2주 전에 비료를 주고 비닐 멀칭을 해 구멍을
뚫어 가스를 빼주고 난 후 비스듬히 심어야 합니다.

수상기관 인터뷰

(주)대우루컴즈 유재명 대표(오른쪽)

Q 본인만의 텃밭 가꾸기 노하우가 있다면 무엇인가요?

A 돈이 조금 들어가더라도 최대한 손이 가지 않게 부직포나 비닐 멀칭
을 하여 잡초가 자라지 않도록 하고, 스프링클러로 주기적으로 관수를
해 작물이 잘 자라도록 해줍니다. 꾸준히 관리하지 않으면 제대로 수확
할 수 없습니다. 자연은 땀 흘린 만큼 정직하게 되돌려주니까요.

Q 실패를 반복하며 노력한 끝에 성공한 텃밭농사 사례가 있나요?

A 처음 고구마를 심었을 때는 비료도 주지 않고 모종을 똑바로 세워 심
었지만 인터넷 정보를 통해 고구마 모종 심기 2주 전에 비료를 주고 비
닐 멀칭을 해 구멍을 뚫어 가스를 빼주고 난 후 모종을 비스듬히 심어야
한다는 정보를 얻었습니다. 올가을 풍성한 수확을 기대해 봅니다.

Q 텃밭 가꾸기를 통해 얻은 가장 큰 효과는 무엇인가요?

A 같이 참여한 직원들과 함께 땀을 흘리며 업무 외적인 이야기도 나누
는 소통의 시간을 갖게 되었습니다. 업무도 서로 이해하고 양보하게 되
어 부서 간의 협조가 전보다 원활해짐이 느껴집니다.

문화예술놀다

놀다가든말든

"초록의 시각적 즐거움 「도시농업」"

위치 경기도 성남시 수정구 사송동 644-1번지
면적 92.56m²
텃밭유형 공동텃밭
주요작물 오이, 고추, 가지, 당근, 감자, 콜라비, 래디쉬 등
수상자 문화예술놀다

2012년 6월 2층 주택에 마당이 딸린 곳으로 이사했습니다. 1층은 회사, 2층은 대표의 집으로
바로 앞마당에 하나당 한 평이 조금 더 되는 크기의 나무 틀 밭 여섯 개를 만들며 텃밭을 시작했습니다.
처음에는 무조건 씨앗을 심고 모종을 사다 심은 후 물만 자주 주면 되는 줄 알았지만,
2년 차에 접어든 이제야 초보 텃밭 지기 정도 되는 것 같습니다.
회사 직원들이 돌아가며 준비하는 점심상에는 직접 가꾼 20여 가지 작물이
빠지지 않고 돌아가며 올라옵니다. 잘 차려진 밥상과 요즘 들어
하루가 다르게 커 가는 자이언트 호박 보는 재미가 아주 쏠쏠합니다.

텃밭, 도시농업은 초록의 시각적 즐거움을 느끼기에 최고입니다.
물만 자주 주면 되는 줄 알았던 텃밭 새내기에서 이제는 텃밭을 가꾸는 즐거움을
알기 시작하는 초보 텃밭 지기가 되었습니다. 텃밭의 건강한 흙에
바질, 루콜라 등 시중에서 쉽게 구할 수 없는 작물도 심어봅니다.
내 텃밭이 아닌 '우리'의 텃밭에서 하루가 다르게 커 가는 작물을 보며
농부의 마음을 살포시 느껴봅니다.

TIP. 성공과 실패로 이분해서 보는 것이 아닌, 전체를 하나의 과정으로
바라보는 것이 텃밭의 매력입니다.

문화예술놀다 홍진호 대표

Q 본인만의 텃밭 가꾸기 노하우가 있다면 무엇인가요?

A 특별한 노하우가 있는 것 같지는 않습니다. 자주 들여다보고 흙을 만
지고, 서두르지 않고 느긋하게 지켜보다 보면 텃밭은 자연스럽게 가꿔지
는 것 같습니다. '최고의 퇴비는 농부의 발자국 소리다!'

Q 실패를 반복하며 노력한 끝에 성공한 텃밭농사 사례가 있나요?

A 누군가에게 배운 적 없이 인터넷의 글과 사진으로 정보를 얻어 텃밭
을 가꾸고 있습니다. 경험은 글과 사진만을 통해서는 알 수 없는 것입니
다. 씨를 뿌리고 모종을 심는 간격은 왜 그렇게 해야 하는지, 작물마다
다른 물주기 등은 경험을 해봐야 알 수 있는 것들입니다. 농사를 마무리
하는 계절은 초보 농사꾼에게 가장 많은 알려주는 시기인 것 같습니다.
정리하다 보면 작물이 몸을 얼마만큼 키울 수 있는지 알 수 있기 때문이
죠. 성공과 실패로 이분해서 보는 것이 아니라 전체를 하나의 과정으로
바라보는 것이 텃밭 활동의 매력이라고 생각합니다.

Q 텃밭 가꾸기를 통해 얻은 가장 큰 효과는 무엇인가요?

A 얼마만큼 많이 수확하느냐는 관심이 없습니다. 일에서 받은 스트레
스를 밭에서 푸는 때가 많습니다. 흙은 '천천히, 흐르는 대로 가라'고 말
을 걸어주는 듯 그런 제 자신을 포근하게 받아주는 것 같습니다.

내 집 텃밭부문 수상작

경기도 도시텃밭대상 공모전
2014

수원 김명재

훈이네 참새방앗간

"아침에 눈 뜨면 제일 먼저 올라가 인사하는 곳,
우리 집 옥상텃밭"

위치 경기도 수원시 영통동 1034-11
면적 880m²
텃밭유형 옥상텃밭
주요작물 상추, 치커리, 당귀, 돌나물, 케일, 파프리카 등
수상자 김명재

아파트에 살다가 주택으로 이사 오면서 평소 좋아하던 여러 가지 식물 키우기에 도전했습니다.
지렁이, 무당벌레가 함께 살고 잠자리와 나비, 벌이 한가롭게 노니는 텃밭, 그래서 농약을 치지 않는
무공해 재배를 원칙으로 했습니다. 옥상에서 뜯은 무공해 채소는 심한 아토피로 고생했던
아들과 당뇨와 혈압으로 늘 걱정이 많았던 남편의 건강을 지켜준 1등 공신입니다.
또한, 옥상에 설치한 멋진 원두막은 우리 집 최고의 식탁이 되고, 이웃과의 파티장이 됩니다.
우리 텃밭을 모델 삼아 만들어진 옆집 옥상의 텃밭을 보고 있노라면 뿌듯함이
절로 생깁니다. 온 가족의 땀방울이 모인 우리 집 옥상텃밭이 알려져 자투리땅을 이용한
도시농부가 많이 생겨나 건강한 먹거리로 행복한 사회가 되길 희망합니다.

"영차! 영차!"
온 가족이 릴레이식으로 4층 옥상까지 구슬땀을 흘리며
흙을 퍼 날랐던 첫해 봄이 생각납니다.
텃밭을 만든 후 가족이 건강해지고 좋은 이웃이
늘어나면서 해마다 우리 집 텃밭은 진화에 진화를
거듭했습니다. 치커리와 케일, 상추에 블루베리,
방울토마토를 올려놓은 푸짐한 샐러드에
케일 주스 한 잔이면 보험과 병원이 필요 없습니다.

옥상에 설치한 멋진 원두막은 틈만 나면 우리 집 최고의 식탁이 되고,
이웃과의 파티장이 됩니다. 오늘도 직접 담근 매실주에 삼겹살을 구워
이웃과 함께 한바탕 취해보렵니다.

TIP. 직접 만든 난황유와 진딧물 퇴치제, 목초액을 이용하면 유기농 재배가 가능합니다.

Q 텃밭이 가장 멋진 계절은 언제인가요?

A 만물이 푸른 6~7월이면 상추와 치커리 케일 등의 잎채소가 싱그런 풍미를 자랑하며 흐드러지게 자랍니다. 연이어 고추, 파프리카가 수줍게 얼굴을 붉히기 시작하면서 오디와 방울토마토가 알알이 익어 동네 사람들이 참새방앗간으로 모여듭니다.

Q 본인만의 텃밭 가꾸기 노하우가 있다면 무엇인가요?

A 아침에 눈을 뜨면 맨 먼저 텃밭으로 달려가 이슬 맺힌 채소와 인사를 나누며 하루를 시작합니다. 틈만 나면 모든 채소에 일일이 안녕을 묻는 우리 가족의 발자국 소리가 텃밭 가꾸기의 중요한 노하우가 아닐까 합니다. 유기질 퇴비와 직접 만든 난황유와 진딧물 퇴치제, 목초액 또한 유기농 재배의 1등 공신이라 생각합니다.

Q 실패를 반복하며 노력한 끝에 성공한 텃밭농사 사례가 있나요?

A 벌레와 몇 년간 사투를 벌였는데 난황유와 유기질 퇴비를 사용하며 극복하였습니다. 또한, 좁은 공간에 밀식재배를 해 식물이 자라지 않아 실패를 거듭하였으나 서로 어울리는 작물을 종류별로 심다 보니 생육환경도 많이 좋아졌습니다. 그 예로 중앙에 심은 토마토는 가지치기해 열매가 크게 자랄 수 있도록 하였고, 새로 자라는 아래 순에서 11월까지 싱싱한 토마토를 먹을 수 있게 되었습니다.

Q 텃밭에서 가장 자랑하고 싶은 특징적인 작물은 무엇인가요?

A 즉석에서 따 옷에 쓱쓱 문질러 먹으면 달고 상큼한 즙이 주르륵 흘러내리는 토마토와 총천연색 파프리카, 오디, 대추 등은 에덴동산의 사과보다 맛있다고 자부합니다. 원두막 앞 허브 존에서 채취한 허브를 말려 지인들에게 방향제로 선물하면 주는 나도 받는 사람도 서로 고마워하고 기뻐합니다.

Q 텃밭 가꾸기를 통해 얻은 가장 큰 효과는 무엇인가요?

A 틈만 나면 텃밭에 올라가 가지를 따고 풀을 뽑으며 물을 주다 보니 우리 집 최고의 헬스장을 다니며 건강을 선물 받았다고 생각합니다. 환절기에 어김없이 방문했던 아들의 알레르기 비염과 아토피가 호전되었고, 남편의 고혈압도 정상치로 돌아왔습니다. 수확의 기쁨과 가꾸는 기쁨을 안겨주었고, 이웃과 나누어 먹는 행복한 마음도 선사해주었습니다.

김명재씨 부부

시흥 대림4단지아파트 관리사무소

대림아파트 상자텃밭

"공동재배를 통해 봉사와 배려를 배우고,
소통과 화합의 장소로 활용된 텃밭"

위치 경기도 시흥시 정왕동 1878-8
면적 300m²
텃밭유형 상자텃밭
주요작물 쌈채소, 약용작물
수상자 대림4단지아파트 관리사무소

활용도가 낮은 배드민턴장을 상자텃밭으로 만들어 채소와 약용작물을 가꾸었습니다.
땀 흘리며 작물을 가꾸다 보니 농부의 수고를 조금이나마 이해하는 계기가 되었습니다.
자녀가 있는 주민들에겐 식물의 성장 과정을 자연스럽게 배울 수 있는 체험장이
될 수 있도록 조성하였습니다. 공동재배를 통해 봉사와 배려를 배우고
잘 키운 작물을 이웃과 나누며 모르고 지내던 주민과의 대화의 장을 마련해
소통과 화합의 장소로 활용됐다는 것이 텃밭을 가꾸며 얻은
큰 소득이 아니었나 생각합니다.

텃밭 조성 이후 매주 1회씩 텃밭 가꾸기에 참여한
입주민들이 모여 미팅을 하고 어떻게 하면
더 잘 가꿀지 회의를 진행했습니다. 개인의 텃밭이
아닌 공동텃밭이기에 서로 모여 의견을 나누는 것은
중요했습니다. 작물마다 팻말도 붙여 텃밭을 방문한
이들이 작물을 쉽게 구분하도록 했습니다.
쑥쑥 자라는 채소를 가꾸는 재미로 어르신들은
텃밭에 자주 나오시고, 도시에서 자라 흙을 접하기
어려운 아이들은 가까이에서 텃밭 체험을
할 수 있게 되었습니다.

토마토도, 가지도 상추도 정성스레 가꾼 만큼
먹음직스럽게 익어가고 자랐습니다.
오늘 저녁은 직접 재배한 쌈 채소로 한 상 차려봤습니다.
어때요, 먹음직스러운가요?

TIP. 명월초는 잎을 따낸 가지를 삽목하면 정상적으로 번식이 가능합니다.

대림4단지아파트 관리사무소 조원선씨

Ⓠ 텃밭이 가장 멋진 계절은 언제인가요?

Ⓐ 잎 작물은 물론이고 열매작물인 가지, 토마토, 여주가 제철을 맞이하여 상자마다 열매가 주렁주렁 열리는 7~8월이 최고인 것 같습니다.

Ⓠ 본인만의 텃밭 가꾸기 노하우가 있다면 무엇인가요?

Ⓐ 흙에 적절한 수분 공급을 해주는 것을 노하우로 들 수 있겠지만, 수확보다 커가는 과정을 보며 기쁨을 찾다 보면 작물도 잘 자랐던 것 같습니다.

Ⓠ 실패를 반복하며 노력한 끝에 성공한 텃밭농사 사례가 있나요?

Ⓐ 명월초가 삽목이 가능하다는 말만 듣고 처음에 맨흙에 꽂아봤습니다. 1차에는 가지를 너무 길게 해서 늘 시들시들했으나 2차에는 잎을 따낸 짧은 가지를 삽목 했더니 정상적으로 번식이 잘 됐습니다.

Ⓠ 텃밭에서 가장 자랑하고 싶은 특징적인 작물은 무엇인가요?

Ⓐ 약용식물로 재배한 신선초와 당귀, 방풍, 삼채와 철책을 따라 심은 여주와 수세미 넝쿨이 무성하게 뻗고 열매가 주렁주렁 열리는 것이 아주 멋집니다.

Ⓠ 텃밭 가꾸기를 통해 얻은 가장 큰 효과는 무엇인가요?

Ⓐ 입주민들과 함께할 수 있는 시간이 생겼다는 것입니다. 서로를 이해하고 작물을 재배하고 채취하는 활동을 통해 서로 알아가고 나눔을 배우게 되었습니다.

안산 이건희

힐링 옥상텃밭 정원

"음식물로 만든 퇴비를 사용한 친환경 힐링 텃밭"

위치 경기도 안산시 상록구 사동 1247 501호
면적 약 142m²
텃밭유형 옥상텃밭
주요작물 약용식물, 과수, 채소 등
수상자 이건희

힐링 옥상텃밭 정원은 2013년 1월부터 준비해서 3월까지 타인의 손을 빌리지 않고
가족과 함께 직접 만들었습니다. 건강하고 싱싱한 먹거리에 관심이 많은 우리 가족은
텃밭을 가꾼지 2년째 되는 올해 건강검진에서 정상에 가까운 판정을 받았습니다.
아침에 눈 뜨면 옥상에 올라가 차를 마시며 물도 주며 힐링을 합니다.
작년 겨울 음식물로 만든 퇴비를 올봄 흙 갈이 할 때 사용해서인지 10여 가지의 과수나무와
약용식물 그리고 채소들이 잘 자라고 있습니다. 옥상텃밭에 관심이 많은 분들과 교류하며
더 많은 사람들이 옥상텃밭을 만들어 지구 환경도 살리고 건강도 다지면서
힐링을 했으면 하는 마음입니다.

가족의 건강을 지키고 싱싱한 먹거리를 위해 직접 옥상텃밭을 만들기로 결심하고 실행에 옮겼습니다.

음식물로 만든 퇴비를 사용해서인지 올해는 유난히 열매가 주렁주렁 많이 달렸습니다.

옥상텃밭을 만들고 난 후 가족은 건강을 되찾고 냉난방비 절감 효과도 가져다주었습니다.

일석이조의 효과를 본 것이지요.

우리 집 옥상은 동네 꼬마들의 체험학습장이 되기도 합니다.
과수와 채소를 직접 따며 즐거워하는 아이들의 얼굴을 보고 있노라면
텃밭 만들길 잘했구나 하는 생각을 다시금 하게 됩니다.

TIP. 가을쯤 퇴비 만들기를 준비합니다. 너무 추운 날씨에 퇴비를 만들면 완숙된 퇴비를 얻을 수 없습니다.

Q 텃밭이 가장 멋진 계절은 언제인가요?

A 채소가 힘차게 자라나는 6월도 좋지만 과수가 물들어 가는 8월 중순부터 9월 초까지가 가슴을 설레게 합니다. 매년 느끼는 것이지만 옥상은 계절이 조금씩 빠르게 다가오는 것을 느낄 수 있습니다.

Q 본인만의 텃밭 가꾸기 노하우가 있다면 무엇인가요?

A 내년 텃밭 준비를 10월 퇴비 만들기부터 시작합니다. 겨울에 준비해보니 날씨가 추워 완숙 퇴비를 얻을 수 없었기 때문입니다. 하지만 무엇보다도 열정과 부지런함으로 즐기는 것이 텃밭을 가꿀 수 있었던 노하우가 아닐까 생각합니다.

Q 실패를 반복하며 노력한 끝에 성공한 텃밭농사 사례가 있나요?

A '지나침은 부족함만 못하다' 옥상텃밭을 가꾸면서 마음속으로 늘 다짐하는 말입니다. 항상 실패의 원인을 생각해보면 욕심이 화를 부르더군요. 너무 일찍 심어 냉해를 입히고, 또 지나치게 퇴비를 많이 주어 약해를 입히고 속아주기를 과감하게 하지 못해서 채소들이 크게 자라지 못하는 등 이러한 경험들이 쌓여서 이제는 실패를 조금씩 줄여나가고 있습니다.

Q 텃밭에서 가장 자랑하고 싶은 특징적인 작물은 무엇인가요?

A 텃밭을 둘러보니 유난히 주렁주렁 열매가 많이 달려있습니다. 생각해보니 과수와 열매채소를 좋아했던 것 같습니다. 현재 키우고 있는 블루베리, 포도, 보리수, 체리, 한라봉, 복숭아 등등 많은 작물 중에 포도와

복숭아를 자랑하고 싶습니다. 또 요즘은 약용식물에 관심을 갖고 옥상에서 키우기 쉽고 잘 자라는 약용식물이 어떤 것들이 있는지 다양한 약용식물을 실험 재배해보고 있습니다.

Q 텃밭 가꾸기를 통해 얻은 가장 큰 효과는 무엇인가요?

A 첫째, 음식물을 퇴비화하고 옥상의 열을 식혀 에너지를 줄이는 효과와 건강한 채소를 자급하는 환경적 효과와 둘째, 텃밭을 가꾸면서 건강이 매우 좋아지고 힐링을 할 수 있다는 건강 효과가 있었지만 무엇보다도 가족애와 가정의 행복을 전달해주는 행복 효과가 가장 큰 효과입니다.

이건희씨

수원 김미순

꽃
씨
뿌
리
는

마
음

"식탁을 풍성하게 하고 이웃과의 사이도
돈독하게 만들어준 옥상텃밭"

위치 경기도 수원시 장안구 율전동 288-27번지
면적 66m²
텃밭유형 옥상텃밭
주요작물 파프리카, 토마토, 가지, 고추, 상추, 블루베리 등
수상자 김미순

풍성한 옥상텃밭을 소개합니다. 지난가을부터 옥상에 있는 화분에 흙 한 켜 깔고 음식 찌꺼기를 올리고
또 흙 한 켜 깔고 반복으로 하며 화분마다 흙을 채워 놓았다가 봄에 이 흙을 이용해 모종을 심었습니다.
음식 찌꺼기를 통해 버려진 쓰레기 속에서 식물들이 몸살을 하는 듯하다 자리를 잡았고,
기름진 흙에서 자란 야채들은 식탁을 풍성하게 하고 이웃과의 사이도 돈독하게 했습니다.
놀러 온 이웃에게는 수확하는 재미를 손으로 느낄 수 있도록 각자 필요한 만큼 야채를
직접 따가도록 하였습니다. 밭에서 자라는 야채보다 옥상에서 가꾸는 야채와 함께 가꾸는
야생화들은 몇 배의 즐거움을 주고 옥상의 열기를 막아주어 실내 온도를 낮추는
일석이조의 효과를 나타내는 것 같습니다. 많은 사람들이 공간을 활용하여
텃밭 가꾸기에 동참했으면 좋겠습니다.

파프리카와 가지, 고추가 주렁주렁 열리는 7월이면 눈과 입이 절로 즐거워집니다.
텃밭에 농약을 사용하지 않았기 때문에 안심한 먹거리를 제공받는 것은 물론 가정에서 나온 음식물 찌꺼기를
거름으로 사용하여 환경오염을 줄이는 데 일조를 할 수 있습니다. 텃밭을 가꾸기 시작하며 제일 좋은 점을
꼽으라면 딸들과 함께 이야기하는 시간이 많아졌다는 것입니다. 차 한 잔 하며 도란도란 이야길
나누다 보면 어느새 훌쩍 자라 엄마의 친구가 되어주는 딸들이 고맙게 느껴지기도 한답니다.

TIP 1. 파프리카는 병들기 전에 막걸리를 뿌려주면 벌레가 생기지 않습니다.

TIP 2. 블루베리는 열매가 익어가기 시작할 때 그물망을 덮어야 합니다. 그렇지 않으면 수확하기 전에 새들의 먹이가 될 수 있습니다.

수상자 인터뷰

김미순씨와 두 딸들

Q 본인만의 텃밭 가꾸기 노하우가 있다면 무엇인가요?

A 옥상 바닥 보호와 체력 소모를 줄이기 위해 바퀴 달린 화분 받침대를 사용하고, 친환경 거름을 사용했습니다. 또 옥상텃밭 화분에서 자랄 수 있는 작물을 선택해 계절별로 계획한 것이 노하우입니다.

Q 텃밭에서 가장 자랑하고 싶은 특징적인 작물은 무엇인가요?

A 부추와 가지를 자랑하고 싶습니다. 가장 소박하고 쉽게 가꿀 수 있는 작물이 부추와 가지입니다. 옥상 텃밭에 수 없이 열리는 다섯 그루의 가지와 2개의 넓은 화분에 심어놓고 연중 수 번을 수확할 수 있었던 부추로 매번 다양한 요리를 하니 가족들의 즐거운 밥상이 되었습니다.

Q 텃밭 가꾸기를 통해 얻은 가장 큰 효과는 무엇인가요?

A 우울증이 있던 저에게 옥상텃밭 가꾸기는 사막의 오아시스 같은 존재였습니다. 푸른 자연을 내 집 옥상에서 매일같이 마주하는 것은 그야말로 힐링 그 자체였습니다. 유기농 텃밭을 가꾸는 것은 신선하고 맛있는 농산물을 풍성하게 얻을 수 있을 뿐만 아니라 농사일의 재미도 어렵지 않게 만끽할 수 있어서 누구에게나 권하고 싶습니다.

김포 사우동 주민자치위원회

사
랑
의

텃
밭

"주민센터 유휴공간을 활용한 옥상텃밭"

위치 경기도 김포시 사우동 236-2
면적 360m²
텃밭유형 옥상텃밭
주요작물 배추, 상추, 고추, 감자, 가지, 오이, 강낭콩 등
수상자 사우동 주민자치위원회

이웃과 더불어 사는 밝은 사회 조성을 위한 나눔 운동을 추구하는
사우동 자치위원회는 주민센터 옥상 유휴공간을 활용하여 녹색도시를 만들고,
건강한 흙과 노력에 대한 정당한 결실을 통해 시민 정서 함양에도 이바지하고자
옥상텃밭을 조성하게 되었습니다.
텃밭을 조성하여 어린이들에게 체험학습의 기회를 제공하고,
농업과 생명의 소중함은 물론 정서적 안정을 찾는 인성 교육의 장을 만들며
수확물은 소외계층에 기부하고 있습니다. 나눔을 실천하자는 취지에서
시작된 텃밭 가꾸기를 통해 더 많은 사람이 건강한 삶을 위해 투자하고
꿈과 희망을 가졌으면 합니다.

주민센터 옥상에 조성된 텃밭은 도시농부로써 수확과 나눔의 기쁨을 맛보게 해주기도 하고,
관내 어린이들에게는 체험학습장의 역할을 하는 동시에 정서적 안정을 찾는
인성교육의 장이되기도 합니다. 옥상텃밭에서 수확한 배추로 김치를 담가 저소득층 가구에
전달하며 봉사와 나눔의 행복감을 느꼈습니다. 꾸준한 텃밭관리를 통해
어렵고 소외된 이웃들과 수확의 기쁨을 함께 나누고 싶습니다.

사우동 주민자치위원회 김현해씨

Q 본인만의 텃밭 가꾸기 노하우가 있다면 무엇인가요?

A 상토와 함께 제때 적당한 밑거름을 주는 것과 아침저녁 애정을 갖고 물을 주며 풀을 뽑는 등 작물에 애정을 갖고 보살피는 것이 노하우라 생각합니다.

Q 실패를 반복하며 노력한 끝에 성공한 텃밭농사 사례가 있나요?

A 부추는 옥상 시멘트의 지열로 실패했지만 감자 재배는 옥상 시멘트의 지열에 크게 영향을 받지 않아서 성공했습니다.

Q 텃밭에서 가장 자랑하고 싶은 특징적인 작물은 무엇인가요?

A 노력한 만큼 수확할 수 있었던 감자와 무농약으로 재배한 고추, 이웃들과 나눔을 실천할 수 있었던 배추를 꼽고 싶습니다.

Q 텃밭 가꾸기를 통해 얻은 가장 큰 효과는 무엇인가요?

A 주민자치위원들이 서로 협동하여 땀 흘린 대가의 작물을 수확한 자부심과 어린이집 아동들에게 체험의 기쁨을 맛보게 해주었으며 수확물을 독거노인분들에게 전달하는 등 이웃과 함께 나눈다는 것이 가장 큰 기쁨이었습니다.

TIP. 감자는 시멘트의 지열에 크게 영향을 받지 않아 옥상 재배가 가능합니다.

부천 이규섭

옥상하늘텃밭

"화학비료나 농약을 전혀 쓰지 않은 친환경 재배 텃밭"

위치 경기도 부천시 오정구 고강동 334-2 2층
면적 99.17m²
텃밭유형 옥상텃밭
주요작물 블루베리, 곤드레, 상추, 아마란스, 방풍나물 등
수상자 이규섭

농고 출신에 시골 태생이라 취미로 길러 먹다 보니 어느덧 다양한 채소류를 기르며 자급자족하는
지금에 이르게 되었습니다. 흔한 상추, 고추보다 질 좋은 야채를 구입해 기르자는 뜻에서 시작하여
지금은 지인이나 카페에 희귀한 채소류, 약초류 등을 나눔 하고 있습니다.
봄부터 가을까지는 야채를 사 먹지 않고, 이웃끼리 나눠 먹는 재미, 특히 뜻이 같은 분과 여러 해 경험에
의해 쌓인 정보를 주고받으며 함께 하다 보니 재미가 더해지는 것 같습니다. 또한, 화학비료나 농약을
전혀 쓰지 않고, 친환경 재배를 하여 길러먹는 그 맛은 어디에도 비할 수 없습니다.
텃밭 재배에 관심이 있으신 분들에게 이동식 상자를 만들어 기르는 방법을
널리 보급해 건강한 채소를 직접 재배할 수 있는 기회가 많아졌으면 좋겠습니다.

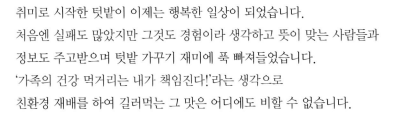

취미로 시작한 텃밭이 이제는 행복한 일상이 되었습니다.
처음엔 실패도 많았지만 그것도 경험이라 생각하고 뜻이 맞는 사람들과
정보도 주고받으며 텃밭 가꾸기 재미에 푹 빠져들었습니다.
'가족의 건강 먹거리는 내가 책임진다!'라는 생각으로
친환경 재배를 하여 길러먹는 그 맛은 어디에도 비할 수 없습니다.

TIP. 계분, 한약 찌꺼기 등 발효가 잘 된 퇴비를 쓰면 텃밭 작물의 수확에 큰 도움이 됩니다.

이규섭씨

수상자 인터뷰

Q 본인만의 텃밭 가꾸기 노하우가 있다면 무엇인가요?

A 계분, 친환경 유박, 한약 찌꺼기, 효소 발효액 EM, 생선 발효액 아미노산 등 발효가 잘 된 퇴비를 쓰는 것입니다.

Q 실패를 반복하며 노력한 끝에 성공한 텃밭농사 사례가 있나요?

A 처음에는 남들과 같이 화학비료를 잘못 사용해 실패하여 아내에게 망신당했고, 농사일은 아무나 하는 게 아니라고 놀림도 당했습니다. 오기로 책도 보고 인터넷 카페에 가입해 정보 수집도 많이 해 지금은 저만의 노하우를 많이 갖게 되었습니다.

Q 텃밭에서 가장 자랑하고 싶은 특징적인 작물은 무엇인가요?

A 키우는 작물 모두가 자랑하고 싶은 작물입니다. 그중에서도 블루베리는 꽃도 보기 좋고 열매도 따먹을 수 있고 가을 단풍 또한 정말 아름답습니다. 또한, 화초 미니호박은 열매가 맺힐 때부터 수확할 때까지 늘 한결같은 모습과 색상으로 저희 집의 인기를 독차지하고 있습니다.

Q 텃밭 가꾸기를 통해 얻은 가장 큰 효과는 무엇인가요?

A 범사에 감사하는 마음을 갖게 되었습니다. 자식 기르듯 정성을 들여 키운 작물을 채취해 먹을 땐 본인의 노력도 있지만 마음을 알고 잘 자라준 작물에 감사한 마음으로 먹습니다.

특별상 수상작

경기도 도시텃밭대상 공모전
2014

에코데미상 에코Eco(환경)와 아카데미Academy(학문)의 의미
가 합성된 말로, 도시농업과 환경에 관하여 교육하고 이를 전하는
단체에게 부여하는 상

그린시티상 도시농업을 확산시키자는 취지에 부합하는 모델로써,
도시에서 텃밭을 시도한 것 자체로도 큰 의미가 있다는 의미로 발
전가능성이 보이는 텃밭에 부여하는 상

커뮤니티상 직장·주택단지·마을 등에 텃밭을 조성해 커뮤니티
형성 및 주변사람들과의 소통에 기여한 텃밭에 부여하는 상

부천 가톨릭대학교 농락

다락
（多樂）

"농사의 참 뜻을 배워가며 가꾸는 즐거움이 많은 텃밭"

위치 경기도 부천시 원미구 역곡2동 가톨릭대학교 성심교정
면적 99.17m²
텃밭유형 학교텃밭
주요작물 상추, 치커리, 토마토, 감자, 고구마, 배추, 무 등
수상자 가톨릭대학교 농락

현재 도시농업이 증가하고 있는 추세이지만,

아직도 농업의 중요성과 필요성이 많은 사람들에게 알려지지 않은 것 같습니다.

농사를 한 번도 해본 적이 없는 학생들이 농사의 참뜻을 배워가며 도시농업을 알리기 위해 모였습니다.

'즐거움이 많은 곳'이라는 뜻의 저희 텃밭은

농사를 지으면서 즐거움을 느끼고 여러 사람이 함께 만나 농사를 지음으로써

즐거움이 더 많아졌으면 하는 취지에서 이름을 짓게 되었습니다.

교정 내에서 학생들이 직접 텃밭 농사를 지어 그린 캠퍼스 조성에 이바지하고
농약을 뿌리지 않고 유기농 무농약으로 기른 농작물들을
교내 식당이나 주변 카페 또는 학생들에게 판매함으로써
로컬푸드 활성화에도 힘쓰고 있습니다.

'다락多樂' 이라는 이름의 의미는 즐거움이 많은 곳입니다.
저희 동아리 이름인 농사짓는 즐거움, 농락처럼
여러 사람이 함께 만나 농사를 지음으로써
즐거움이 더 많아졌으면 합니다.

안산 원곡초등학교

"한국 생활 적응에 어려운 다문화가정 학생을 위한 원예 체험 활동"

꽃
사
랑
초
록
마
을

위치 경기도 안산시 단원구 원곡1동 821번지
면적 150m²
텃밭유형 학교텃밭
주요작물 감자, 가지, 방울토마토, 엽채류, 허브류 등
수상자 원곡초등학교

본교는 다문화가정 학생이 전체 학생 수 대비 약 70%를 차지하고 있습니다.
이주배경으로부터 오는 스트레스와 한국 생활 적응에 어려운 모습을 보이는 아이들에게
원예 체험 활동을 하게 해 학교 조기 적응 및 공동체 의식을 함양하기를 기대하면서
학교 텃밭 프로그램을 운영하였습니다.
직접 수확한 작물을 다른 학생들에게도 나눠주고, 함께 공유하는 기회를 제공해
다문화가정 학생들이 생명의 소중함과 생태계에 대한 존중, 식습관 향상뿐 아니라
협업 능력의 증진과 공동체 문화 형성에 큰 효과를 거두었습니다.

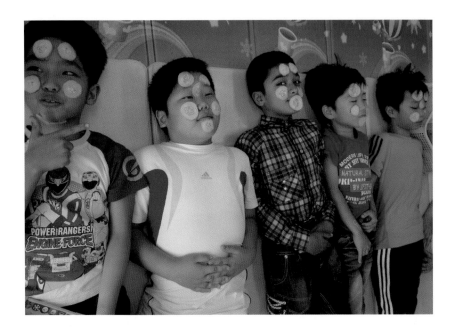

다문화가정 학생들이 능동적으로 참여함으로써 자신감이 향상되는 동시에
다른 사람들에게 도움을 줄 수 있는 기회 제공 등 유의미한 활동을 진행하고 있습니다.
앞으로도 텃밭 가꾸기를 통해 다문화가정 아이들에게
더욱 큰 자신감과 성취감을 느끼게 해 주고 싶습니다.

시흥 응곡중학교

"스스로 가꾸어 나가는 학교 텃밭"

위치 경기도 시흥시 장곡동 406
면적 260m²
텃밭유형 옥상텃밭
주요작물 감자, 적상추, 양상추, 고추, 가지, 고구마, 토마토 등
수상자 응곡중학교

2011년부터 4년째 학기별로 텃밭 가꾸기 활동을 하고 있습니다.
전체 80평 중 약 40평은 35명의 학생들에게 한 이랑씩 감자를 심고 관리하게 한 후 수확하도록 했고
나머지 40평은 토마토, 가지, 고추, 상추 등을 공동으로 관리하고 수확했습니다.
수확한 농작물은 학교 급식 때 사용하기도 하고 일부는 주변 지역사회에 기증함으로써
내 손으로 가꾼 작물로 지역사회와 나눔을 실천하기도 했습니다.
스스로 가꾸어 나가는 학교 텃밭을 통하여 학생들의 변화된 모습과
농업의 참된 의미를 깨닫고, 나아가 지역사회에 보탬이 되는 과정이
학생들에게 얼마나 좋은 경험인지 알 수 있게 했던 활동이었습니다.

35명의 학생들이 4개월 동안 학교 옥상 텃밭에서 땀 흘리며 가꾸어 온 과정과
그 과정에서 배움이 얼마나 컸는지 그리고 수확물을 나누는 활동이
학생들에게 얼마나 좋은 경험인지를 공유하고자 합니다.

용인 방선영

하늘소망

"도시 속의 작은 천국, 우리 가족의 행복한 놀이터"

위치 경기도 용인시 기흥구 보라동 398-1 401호
면적 150m²
텃밭유형 옥상텃밭
주요작물 파프리카, 블루베리, 고추, 가지, 포도, 쌈채소 등
수상자 방선영

2012년 원룸 신축공사를 하며 옥상이 일반적인 방수페인트가 아닌,

의미 있는 공간이 되기를 원해

채소와 꽃, 나무를 심을 수 있는 옥상텃밭정원을 만들기로 했습니다.

우리 옥상텃밭은 해가 갈수록 다양한 모습을 가진 풍성한 텃밭이 되어가고 있습니다.

지난겨울 텃밭에서 가꾼 채소들로 김장김치도 담갔습니다.

옥상텃밭을 위해 풀을 뽑고, 밭을 고르는 등 고된 일도 많았지만,

잘 자란 작물을 보고 있노라면 뿌듯함이 절로 들었습니다.

이 텃밭은 우리 가족만 누리는 것이 아니라 이웃 가정을 초대하거나 친구들과 함께
바비큐 파티를 하며 즐기기도 합니다. 옥상텃밭을 가꾸면서 우리 가족은 대화가 더욱 많아지고
함께 공감하고 소통하는 계기가 되었습니다.
작은 씨앗이 자라나 꽃이 되고 풍성한 열매가 되어 먹는 기쁨뿐만 아니라
이웃과 나눌 때 더 큰 기쁨과 넉넉한 여유를 가져다준 도시 속의 작은 천국,
우리 가족의 행복한 놀이터입니다.
옥상텃밭정원을 가꾸면서 우리 가족은 더 대화가 많아지고 함께 공감하고 소통하는 계기가 되었습니다.
이곳에서 얻는 것이 채소뿐이 아님을 아는 우리 가족이
한마음으로 옥상텃밭정원의 즐거움과 기쁨을 많은 사람들에게 나누고 싶습니다.

양주 소방서

특별상
그린시티상
경기도 도시텃밭대상 공모전
2014

열린 텃밭

"현장 활동 중 외상 후 스트레스 장애에
노출되기 쉬운 소방관들의 정신적인 휴식공간"

위치 경기도 양주시 백석읍 오산리 513-1
면적 3,834m²
텃밭유형 공동텃밭
주요작물 감자, 고구마, 고추, 수박, 옥수수 등
수상자 양주소방서

우리 양주소방서에서는 그동안 산불 지역 나무 심기 행사, 청사 옥상정원 조성 등
도시녹화 사업에 많은 관심을 갖고 있습니다.
양주소방서 장흥 119안전센터 신축 예정 부지를 활용한 소방서 공동텃밭을
소방관 가족, 의용소방대원의 자율적인 참여로 아름답게 가꾸어 나가고 있습니다.
전문적으로 농사를 짓고 있는 의용소방대원의 자문을 받아 여러 작물을 재배하고 있으며,
인근에 작은 개울이 있어 주말 가족 나들이 및 어린이 농촌체험학습장으로 인기가 많습니다.
또한, 현장 활동 중 외상 후 스트레스 장애PTSD에
노출되기 쉬운 소방관들의 정신적인 휴식공간으로도 활용되고 있습니다.

땅에서 자라는 건강한 녹지의 중요성을 홍보하여
'푸른경기 실현'에 한 발짝 더 다가설 수 있는 계기를 마련하였습니다.
열린 공간인 양주소방서 공동텃밭에 보다 많은 시민이 방문해
즐거운 시간을 가질 수 있기를 바랍니다.

화성 이봉연

도심 속 작은 농촌

"우리 집 건강비결은 친환경 먹거리"

위치 경기도 화성시 반월동 100-1
면적 23.14m²
텃밭유형 옥상텃밭
주요작물 방울토마토, 오이, 호박, 고추, 가지, 깻잎, 상추 등
수상자 이봉연

몇 해 전부터 옥상에서 수탉 한 마리와 암탉 8마리를 키우기 시작했습니다.

시중에서도 고가로 팔리는 유정란을 우리 집에서는 아침마다 먹게 되었습니다.

물론, 먹이 주는 일, 닭똥 치우는 일 같은 수고로움과 번거로움은 기본입니다.

도심에서 닭똥은 처치 곤란이었습니다.

닭똥을 활용할 방법을 찾다 닭장 옆에 작은 화단을 만들어 땅을 기름지게 하는 용도로 쓰게 되었습니다.

기름진 땅에 갖가지 채소를 심었더니 수확물의 품질이 좋았고,

해가 거듭될수록 채소밭은 점점 커졌습니다.

작은 수고로움으로 내 가족 먹거리를 친환경 먹거리로 채울 수 있다는 것에 뿌듯합니다.

도심 속 작은 농촌에서 자란 토실한 호박은 호박 전으로, 야들한 고추는 고추장에 찍어 한입,

짙은 보라색 가지는 볶음과 무침으로, 적당히 자란 부추는 쓱 베어 부추전으로, 딱 먹기 좋게 자란 오이는

오이소박이와 시원한 피클로 거듭나면서 우리 집 여름철 건강 비결이 되었습니다.

저희집 옥상텃밭을 도심 속 작은 농촌이라 부르고 싶습니다.
작은 수고로움으로 내가족 먹거리를 친환경 먹거리로 채울 수 있다는 것에 뿌듯합니다.
유기농매장에서 구입하는 친환경 먹거리보다도 안심하고 먹을 수 있습니다.

부천 텃밭을 사랑하는 모임

한 뼘 텃밭

"쓰레기 무단투기의 근원적 해소와 쾌적하고
아름다운 마을로 변화하기 위해 한 뼘 텃밭을 조성"

위치 경기도 부천시 오정구 신흥동
면적 1개소당 5m²~12m²
텃밭유형 상자텃밭
주요작물 가지, 토마토, 쌈채소 등
수상자 텃밭을 사랑하는 모임

주민들의 자발적 조직체인 '텃밭을 사랑하는 모임'에 의해 주민들이
직접 체감할 수 있는 생활환경이 개선되고, 도심 속 길가에서 텃밭을 감상할 수 있어
주민의 호응과 만족도가 높은 우리 동의 '한 뼘 텃밭'을 소개합니다.
도심 골목길의 상습적인 쓰레기 무단투기 지역을 밝고 쾌적한 생활공간으로 변화시키고자
2013년부터 주민들이 직접 아름다운 '한 뼘 텃밭'을 조성하고 관리하기 시작했습니다.
해당 지역 어르신들이 건강하고 행복한 여가를 할 수 있게 되고,
어린이, 청소년들의 자연 체험 학습장으로 제공되는 등 쓰레기 무단투기의 근원적 해소와
쾌적하고 아름다운 마을로 변화시켜 나가고 있습니다.

한 뼘 텃밭은 주민의 재능기부로 이루어진 텃밭상자를 현장에 제작하는 것으로
2014년 10월 현재 10호점이 설치되었습니다.
시공 전 사진과 시공 후 사진을 보며 '우리 마을은 쾌적한 생활공간과
쓰레기 무단투기에서 벗어난 아름다운 마을로 변화하고 있구나'하고 뿌듯함을 느낍니다.

엄마손텃밭

서천마을 휴먼시아3단지

용인 서천마을 휴먼시아3단지

엄마손 텃밭

"친환경농법을 이용한 유기농 농사"

위치 경기도 용인시 기흥구 농서동 395
면적 76m²
텃밭유형 공동텃밭
주요작물 토마토, 고추, 상추 등
수상자 서천마을 휴먼시아3단지

서천마을 휴먼시아 3단지 아파트 노인정 뒤와 관리동 옥상에 상자텃밭을
노인정 회원과 관리사무소 직원들이 함께 가꾸고 있습니다.
저희 단지 채소는 100% 유기농으로 농사를 짓고 있습니다.
텃밭 채소의 거름으로 인근 서천 경희한의원에서 한약 찌꺼기와 알뜰장에서 들깨와 참깨의 깻묵에
막걸리를 넣고 숙성시켜 만든 것을 쓰고 있으며
용인시에서 제공하는 EM 용액을 해충 방지제로 쓰고 있습니다.
텃밭 채소가 자라면 입주민 중 독거노인과 유치원에 다니는 어린이가 있는 부모 입주민에게
무료로 나눠주고(나눔채소 행사), 여름방학과 겨울방학에는 단지 내 어린이를 대상으로
점심 식사를 제공하는 '엄마손 밥상'에 식사용 야채로 제공하고 있습니다.
서천마을 휴먼시아 3단지 입주민들이 텃밭을 일구면서 입주민과 함께 하는
나눔 채소의 즐거움을 많은 사람들과 함께 공유하고 싶습니다.

텃밭 채소가 자라면 입주민 중 독거노인과 유치원에 다니는 어린이가 있는 부모 입주민에게 무료로 나눠주고,
여름방학과 겨울방학에는 단지 내 어린이를 대상으로 점심식사를 제공하는
'엄마손 밥상'에 식사용 야채로 제공하고 있습니다.

평택 YMCA 안중청소년문화의집

주말 가족 텃밭

"지역아동센터와 어린이집 어린이들의
체험교육의 장, 에너지 교육의 장"

위치 경기도 평택시 안중읍 안중리 299-10
면적 83m²
텃밭유형 공동텃밭
주요작물 토마토, 고추, 가지, 상추 등
수상자 평택 YMCA 안중청소년문화의집

안중청소년문화의집 3층 옥상정원의 주말농장으로 문을 열면 주렁주렁 매달린 고추와 빨갛게 익은
토마토가 사람들을 반갑게 맞이합니다. 아무것도 없던 옥상 위에 작은 새싹이 피우면서
많은 것들이 달라졌습니다. 남녀노소를 불문하고 자신의 텃밭에 평일, 주말 거르지 않고 모두 발걸음을
한 결과 대화가 없고 세대 간의 갈등이 깊던 부모와 자녀 사이에는 가족애가 성장하고,
함께 소통할 수 있는 시간과 소중한 추억이 생겼습니다.
최근 회색도시화되는 현대 사회 속에서 텃밭 교육과 자연에 대해 알 수 있는 시간을 제공하여
흙에 대한 소중함과 새로운 지식을 터득할 수 있었습니다.
또한 자신들이 직접 심은 모종과 씨앗이 자라고 열매를 맺는 과정에서 생명의 신비와 자연의 소중함을
배울 수 있고, 지역아동센터와 어린이집 어린이들의 체험교육의 장, 에너지 교육의 장이되었습니다.
텃밭을 통해 수확된 농작물은 지역 소외계층 어르신들과 함께 나누며
봉사 활동을 널리 알리고 지역사회 공동체를 만들어가는 계기를 마련하고 있습니다.

남녀노소를 불문하고 자신의 텃밭에 평일, 주말 거르지 않고 모두 발걸음을 한 결과
대화가 없고 세대 간의 갈등이 깊던 부모와 자녀 사이에는 가족애가 성장하고,
함께 소통할 수 있는 시간과 소중한 추억이 생겼습니다.

도시 텃밭

수원 한라비발디아파트

"가족 간의 소통이 이루어지고, 이웃 간에 정이 오가는 공간"

위치 경기도 수원시 장안구 정자동 919
면적 66m²
텃밭유형 공동텃밭
주요작물 토마토, 고추, 상추, 감자, 허브 등
수상자 한라비발디아파트

인간은 자연, 특히 흙과 먹거리인 채소와 화초 가꾸기에 관심을 가지고 있습니다.
이런 점에 착안하여 입주자 간 정이 오가는 소통의 장을 마련하고,
주민 간 자율적인 공동체를 형성하기 위하여 버려진 유휴지를 도시텃밭으로 조성하게 되었습니다.
한라비발디아파트 도시텃밭은 작은 공간이지만 올해 3월부터 아파트 입주자들이 함께 모여
농업기술을 익히고, 여러 야채류 등을 재배하며 소통과 꿈을 이루어가는 공간으로서
부족함 없는 곳입니다. 도시텃밭을 통해 흙을 만지고, 물을 주며,
심은 채소들이 자라는 것을 보며 땀의 중요성을 알게 되었습니다.

아파트 주민들이 힘을 모아 밭을 일구고, 여러 가지 작물들을 직접 체험하며,
대화가 부족했던 가족 간의 소통이 이루어지고, 이웃 간에 정이 오가는 공간이 되었습니다.
작은 힘이지만 모여져 결실을 이끌어가는 모습을 보며
잊혔던 농촌에 대한 향수와 자라나는 아이들에게 땀의 중요성과 정직성을 알려줄 수 있는 계기가 되었습니다.

『2014 경기도 도시텃밭대상』

도심 속 텃밭에서 행복한 사람들

박영주(경기농림진흥재단 도농교류부 부장)

최근 도시민들을 중심으로 일상 생활 속에서 농사활동을 활발히 벌이는 도시농업의 붐이 일어나고 있다. 도시농업은 일반적으로 취미 혹은 여가를 목적으로 도시민들이 짓는 농사행위를 말하는 것으로 상자텃밭, 옥상텃밭, 베란다텃밭 등 다양한 공간을 활용한 형태로 이루어진다. 그저 농촌의 일이라고만 생각해 왔던 농사가 도시로 돌아오고, 심지어 공원과 내 집 정원에까지 텃밭이 들어온 것을 보면 도시농업이 어느새 우리 삶에 물들어 있다는 것을 느낄 수 있다. 해외에서도 도시텃밭을 일구는 사람들이 많아졌다. 우리나라에 적합한 도시농업 방안에 도움을 줄 수 있는 몇 가지 해외사례를 간략하게 살펴보고자 한다.

일본 도쿄 아다치구 도시농업공원

일본의 도시농업은 한국보다 역사가 길고 시민들 사이에 관심과 인기도 매우 높다. 베란다 텃밭, 옥상텃밭, 주말농장 뿐만 아니라 유명백화점이나 쇼핑센터에서는 옥상이나 건물 중간 자투리 공간에 텃밭을 조성해 주요 고객 등에게 제공하기도 한다.

아다치구 도시농업공원은 연간 25만 명이 찾는 도쿄도 내 유명 농업테마 공원이다. 멀리 가지 않고도 농촌을 체험하고 공원도 겸하고 있어 가족단위나 단체방문이 줄을 잇는다. 아다치구가 설립한

이 공원은 1982년 농업을 보전하기 위해 농촌시험장 형태로 구상됐고 1984년 처음 문을 열었다. 그러다 점차 농업이 쇠퇴하던 1995년 농업을 테마로 한 공원의 형태로 새롭게 태어났다. 아다치구가 직접 공원 관리를 해 왔으나 지난해 4월부터 농업 관련 민간단체에 위탁 운영하고 있다.

이곳이 성공한 데는 도시농업의 특징과 공원, 농업의 역사를 살펴볼 수 있는 박물관의 장점을 결합해 많은 사람들이 손쉽게 찾을 수 있도록 한 것이다. 산책과 식사, 미니 도서관, 꽃 축제, 유리온실 등 공원의 역할과 전통농가, 농기구 전시관의 농촌박물관 기능, 농사 체험과 곤충 개구리 도마뱀을 관찰하는 생태체험, 매화 손수건 염색과 허브 공예, 떡 만들기 등 체험 프로그램이 다양하게 섞여 있다. 도시민들이 농촌이나 일 년 내내 정성을 들여야 하는 주말농장을 찾지 않고도 가까운 도심에서 도시농업을 체험할 수 있도록 한 것이 주효했다는 게 공원 측 설명이다.

전체 면적은 7만 2,000m²(2만 1,000여 평)로 논이 대략 200여m², 밭이 2,000여m²가 있고 공원 전체

농작물의 씨앗과 모종을 재배하는 유리온실

도시농업공원 내 벼농사를 짓는 구역

도시농업공원 내 레스토랑

농기구 자료전시관

시민참여 이벤트를 알리는 게시판

아다치구 도시농업공원 안내도

적으로 벚꽃과 매화, 각종 꽃밭과 연못 산책로가 잘 어우러져 있다.

이곳에서 재배하는 작물은 벼를 비롯해 고구마, 감자, 배추, 당근 파 시금치, 마늘, 피망, 오이, 가지 등 철 따라 30여 가지에 이른다. 여러 종류의 허브들도 자란다. 모두 농약을 쓰지 않고 유기농 재배를 하며 생산된 채소와 농작물은 공원 내 레스토랑에서 식사메뉴에 사용하고 판매도 한다.

농작물의 씨앗과 모종은 공원 내 유리 재배실에서 길러지고, 퇴비 또한 공원에서 발생하는 낙엽과 부산물 가축 분뇨 등을 이용해 공원에서 직접 제조한다. 논밭 용수는 연못에서 끌어다 쓰고 난 뒤 공원 내를 흘러 다시 연못으로 모이는 순환구조다.

'인간과 자연의 공생관'이라는 이름이 붙은 유리온실에는 열대성 식물과 허브, 동·서양란 등 다양한 식물이 가득하고 차와 비누 등을 만드는 체험공간이 별도로 마련돼 있다. 농기구 자료전시관은 파종부터 수확·탈곡·정미 과정을 보여주는 탈곡기, 정미기, 농업용 수차, 새끼줄과 짚신 등 볏짚 공예품 등이 전시돼 있다. 다른 곳에서 옮겨다 재현한 전통농가는 다다미방과 부엌, 아궁이, 굴뚝, 무쇠솥, 식기 등 옛 농민들의 삶을 살펴볼 수 있도록 해 미니 농업박물관이라 불리기도 한다.

공원은 입장료가 없고 오전 9시부터 오후 5시까지 개장하며 매월 1·3주 수요일은 휴장한다. 외부 전문 강사들이 진행하는 각종 체험 프로그램은 일정 요금을 받고 진행한다.

영국 얼라트먼트 가든

영국은 일찍부터 임대형 도시텃밭인 얼라트먼트 가든Allotment Garden을 도시구획 안에 설치했다. 얼라트먼트는 산업혁명시기부터 수백 년의 역사를 가진 도시농장으로, 현재 도시생태계 보호 차원의 도시녹지로서도 그 필요성이 인정되고 있다. 공동체 활성화 프로그램인 커뮤니티 가든Community Garden, 시티팜City Farm 등 다양한 형태의 영국 얼라트먼트는, 1908년에 제정된 얼라트먼트법에 따라 보존·조성되고 있다. 주로 그린벨트 등의 공유지를 지역별 얼라트먼트 협회에 임대하여 도시농사를 짓게 하고 낮은 임대료 책정으로 시민들의 자발적인 텃밭 경작을 유도한다.

2차 세계대전 당시 얼라트먼트 텃밭에서 먹을거리를 재배하여 자급한 역사와 관련하여, 현재 1구획당 면적인 1 rod$^{253m^2}$는 전쟁 당시 4인 가족이 자급할 수 있는 최소면적이며 요즘은 1 rod를 1/2

얼라트먼트 가든에서 식사를 즐기는 이용자들

영국 얼라트먼트에서 작물을 관리하고 있다.

또는 1/4로 나누어 경작하기도 한다.

　2008년 가디안 보고서The Guardian Report에 따르면 영국에서는 현재 33만 명이 얼라트먼트를 경작하고 있으며 10만 명의 대기자 명단이 있다고 보고될 정도로 인기를 끌고 있다. 이에 따라 경작지가 부족한 런던에서는 최근 상자나 자루를 이용하여 콘크리트나 아스팔트 위에서 농사를 짓는 사례가 늘고 있다고 한다. 특히 웹상에서 경작 희망자와 토지 소유자를 서로 연결해주는 '랜드쉐어'를 운영하여 전 국민의 도시텃밭 조성 열기를 확산하는데 기여하고 있다.

런던 스파힐 얼라트먼트

　스파힐 얼라트먼트SPA HILL ALLOTMENTS는 런던 남쪽에서 가장 큰 얼라트먼트 중 한 곳이고, 전체 면적은 121.4 ha(300에이커)로 1구획당 면적은 253m², 연회비 70~80파운드이다. 이용자를 선정하는 기준은 이곳 얼라트먼트에서 1km 반경 거주자가 최우선순위이며, 그다음 2km, 3km 순이다. 관리가 제대로 이루어지지 않을 경우 편지(관리 경고)를 2번 보내고 그래도 관리하지 않으면 강제 탈퇴시킨다. 모든 회원에게 출입열쇠를 나누어주어 언제든 텃밭에 입장이 가능하다. 텃밭에서 나오는 쓰레기를 엄격하게 처리하고, 특히 두꺼운 나무는 따로 모아 차후 갈아서 거름으로 사용한다. 2~3개 구획마다 공동수도시설이 설치되어 있는데 사용량 측정기가 있어 물을 더 많이 사용하면 비용을 더 지급한다.

이곳에는 자원봉사자가 있는데 주로 쓰레기 처리(태울 것과 재활용할 것 분리), 퇴비 만들기, 울타리 관리, 공동 통로정비 등 공동관리 활동에 도움을 주고 있다. 스파힐 얼라트먼트에서는 친환경 경작을 의무화하지 않기 때문에 살충제와 같은 농약이나 비료 등 유럽연합에서 인증된 거름을 다 사용할 수 있으며 이는 개개인이 선택할 사항이라고 한다.

텃밭 내에 있는 오두막과 같은 그린하우스(관리사)를 원할 경우, 이용자가 얼라트먼트 협회에 승인 요청 신청을 하면 협회에서 검사 후 설치 승인을 해주는데 100년 된 그린하우스도 있다. 개인이 수확한 생산물은 상업적으로 팔 수 없으며, 단지 회원 간 서로 교환 또는 소액 거래는 가능하다. 최근엔 환경문제로 꿀벌이 줄어드는 관계로 작물의 수정을 위해 협회 자체에서 양봉도 시행하고 있다. 또한, 가금류의 동물은 사육할 수 없다. 애완동물의 경우 끈을 묶어야 하고, 될 수 있으면 새벽이나 늦은 저녁에 오라고 권유한다. 화훼류는 경작면적의 10% 미만으로만 심을 수 있고, 나머지 면적은 농작물로만 심어야 하며 키가 큰 과실나무는 높게 자라서 수확할 때 위험하기 때문에 심을 수 없다.

이용회원들 간 연계된 프로그램으로는 봄에 생산물을 서로 팔고 교환하는 파머스마켓, 8월 중 텃밭을 외부인들에게 개방하는 오픈데이, 가을 농산물 수확 페스티벌 등이 활발히 펼쳐진다.

텃밭 내 그린하우스

스파힐 얼라트먼트 양봉장

텃밭 내 농자재를 판매하는 매장

덴마크 얼라트먼트 가든

코펜하겐 시내의 12개 얼라트먼트협회가 지역 텃밭 정원 연합을 결성(전국적으로 75개 지역연합)하여 국가, 지방자치단체와 토지임대 등의 협상에 참여한다. 덴마크는 지난 2001년 도시농장법을 제정하여 얼라트먼트를 영구적 녹지기반으로 제도화하여 커뮤니티 가든, 시티팜, 도시농장 등 다양한 형태의 도시농업을 운영 중이다.

덴마크의 도시농업 역사도 오래되었다. 1778년 프레데리치아 지역의 경계 외곽에 얼라트먼트 정원이 설계되었고, 1828년에 원형의 왕실 직할 얼라트먼트 정원이 여러 지역에 선보였다. 코펜하겐 협회는 'Arbejdernes Vaern(노동자의 보호)'라는 이름으로 1891년 덴마크 수도의 첫 얼라트먼트 텃밭 정원이 설립되었고 덴마크 전역으로 퍼졌다. 현재 대부분의 얼라트먼트 텃밭 정원은 지방자치단체가 소유하고, 얼라트먼트협회가 활발한 활동을 이루고 있다. 협회는 순서에 따라 구성원에게 구획된 텃밭을 나누어주는데 시장가격보다 상당히 낮은 매력적인 가격에 책정되기 때문에 엄청난 대기자가 기다린다고 한다. 한때는 얼라트먼트 활동이 육체노동 문화의 상징이기도 했으나, 가족이나 이웃들과 함께 마음을 나누며 경작활동을 펼치는 공동체 공간으로 변화되어 더욱 가치가 높아지고 있다.

덴마크 얼라트먼트

뉘하운항구에 조성된 텃밭 정원

노레브로 – 블라가드학교(Blågård Skole) 옥상텃밭

블라가드학교 옥상텃밭 전경

옥상 한쪽에 마련된 체험학습장

학교 텃밭 담벼락 윗부분을 화단으로 활용

블라가드 학교 옥상텃밭 방문객 모습

노레브로 블라가드학교 입구

독일 클라인가르텐 텃밭 정원

19세기 중반 빈민원 아르멘가르텐Armengarten에서 식량자급 생산을 위해 시작된 독일의 텃밭 정원 클라인가르텐Klein Garten은 일반적으로 슈레버가르텐Schrebergarten이라 불린다. 심리학자였던 슈레버 박사는 당시 독일의 산업화에 따라 햇볕도 들지 않는 좁고 열악한 주거환경이 사람을 병들게 하는 주원인으로 보고, '햇볕을 쬐고 맑은 공기를 마시며 흙에서 푸른 채소를 키워라.'라는 친환경적인 도시 텃밭 생활을 처방했다. 이후 슈레버 박사의 사망 3주기에 박사의 정신을 이어 주민들이 힘을 모아 슈레버 광장을 만들고, 광장 안에 학생들이 직접 농사일을 배우는 텃밭농장을 운영하게 됐다.

어른들도 함께 참여하여 가족 텃밭 정원을 따로 만들면서 '슈레버가르텐'이라고 불렸는데 이것이 오늘날 클라인가르텐의 시초가 됐다고 한다. 현재 독일 연방의 건축법에서는 지방자치단체가 지역계획 수립 시 필요한 면적의 클라인가르텐 부지를 의무적으로 확보하도록 규정하고 있으며, 녹색생태학적 관점에서 공업지구 · 상업지구 · 주거지역과 연계하도록 했다.

독일 클라인가르텐 전경

꽃과 함께 식재된 텃밭

관수용 수동식 펌프

독일 연방 클라인가르텐연합회[BDG]는 베를린에 본부를 두고 전국에 약 15,000개소, 회원 수는 약 140만 명, 총면적은 약 47,000ha에 이른다고 한다. 단지별 동호회가 모여 시군별 협회를 조직하고 그 위에 19개의 주 단위협회가 있다. 클라인가르텐 관리는 본인이 직접 해야 한다. 사적으로 매매나 양도를 못 하지만 고령의 부모가 직계 자손에게 물려주는 것은 예외적으로 허용된다. 신규 회원의 입회자격은 신청순위에 따르며 아이가 많은 젊은 가정에 우선순위를 주고 텃밭의 다양성을 위해 외국인 가정도 우선적으로 배정된다. 면적의 제한은 평균 단지면적 3.3ha이고, 한 구획의 면적은 250~300m²이다. 지방자치단체는 도시 가구 수 8가구당 1구획의 클라인가르텐 조성을 의무화하고 있다. 농작물을 재배하는 것은 경작자에 따라 다르고, 농약 사용을 금지하지 않기 때문에 모두 유기농이라고 할 수 없다.

독일 클라인가르텐 전경

미국 시애틀 도시공동체텃밭 피팻치

미국 시애틀의 피팻치P-patch는 시애틀에서 37년 전부터 독특하게 발전해온 커뮤니티가든(도시공동체텃밭) 프로그램을 지칭한다. 피팻치에서 P는 시애틀이 도시화되면서 농지가 잠식될 때 끝까지 농지를 지켜내 1973년 최초의 커뮤니티가든인 Picardo Farm을 만든 Picardo라는 사람의 이니셜이며, patch는 작게 분할한 땅의 의미를 담고 있다. 시애틀은 2010년 도시농업의 해로 정하고 피팻치의 발전에 적극적인 지원을 아끼지 않았다. 피팻치가 가진 핵심적 가치는 강한 공동체 의식의 형성으로 비록 공원처럼 다수가 이용하지 않고 소수가 참여하지만, 이웃 간의 강한 연대감을 느끼게 한다는 것이 특징이다.

피팻치 내 야외교육장

피팻치는 시애틀 근린공동체부서와 피팻치 트러스트P-patch Trust라는 비영리민간단체의 파트너십을 통해 운영되고 있다. 공식 프로그램명은 『P-patch Community Gardening Program』이며 2012년 현재 75개의 피팻치 커뮤니티가든이 있고, 2,200개의 plots가 있으며, 4,400명의 가드너가 활동하고 있다. 가드너들은 연간 22,500시간의 자원봉사를 하는데 이는 10.5명이 풀타임 근무한 것과 같은 효과와 가치를 가진다.

피팻치 활동 모습

피팻치는 주로 공공장소에 오픈되어 있으

며 개별적으로 다른 모습이지만, 이용자의 편의를 위해 피크닉 장소, 벤치, 예술작품, 어린이 정원, 꽃이 있는 정원, 교육적 사인물, 농기구보관소가 있다. 소정의 이용료가 있지만 이용료를 낼 수 없는 사람에게는 면제되기도 한다.

피팻치는 프로그램 내용에 따라 커뮤니티가든, 식량 안전가든, 청소년가든, 마켓가든으로 분류되어 있다. 커뮤니티가든은 지역공동체 활성화를 목적으로 하고 있으며, 식량 안전가든은 저소득층과 이민자를 위한 프로그램에 초점을 두고, 일부 가든은 푸드뱅크와 연계해 있다. 2010년에는 40개의 plots가 청소년 프로그램에 활용되었는데 지역 학교, 유치원, 지역공동체, 방과 후 교실에 의해 운영되었다. 또한, 마켓가든은 저소득층의 소득창출을 위해 운영하고 있다.

실내교육장 내 농기구보관소

퇴비장

Bradner Garden Park 내 피팻치

피팻치 커뮤니티가든 전경

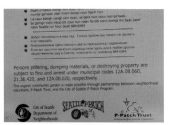
사인물에 시애틀시청, 피팻치 트러스트를 함께 표기해 파트너십을 강조

Rainier Vista Dakota 피팻치 전경

캐나다 밴쿠버 커뮤니티가든

세계에서 가장 살기 좋은 도시로 손꼽히는 캐나다 밴쿠버에서의 도시농업은 다양한 사회와 환경을 잘 가꾸게 하고 경제적인 이익을 주기 위한 강력한 수단이다. 도시농업이 행해지는 커뮤니티가든은 공동체 형성에 중요하다고 인정되며, 지속가능성을 증진하고 도시를 녹화하며 세대 간의 활동을 촉진한다. 또 사회적인 상호작용을 하며 범죄를 줄이고 신체를 건강하게 하며, 먹거리를 생산한다.

밴쿠버 시청 앞 커뮤니티가든 전경

커뮤니티가든 내 온실

커뮤니티가든 조성 모습

커뮤니티가든 입구 교육안내 사인물

겨울을 지내고 모종을 생산하기 위한 비닐하우스와
아이디어 화분

공동 농기구보관소

　　밴쿠버의 도시 전역에 많은 커뮤니티가든이 있음에도 불구하고 매년 증가하고 있다. 2012년 현재 시청과 공원, 학교, 사유지를 포함해 74개의 가든에 3,260개의 plot이 있으며 2010년 동계올림픽을 기념하여 시청 앞 광장에 조성된 2,010개의 커뮤니티가든을 현재까지 유지 · 관리하고 있을 정도이다.

밴쿠버 도시농부

　　밴쿠버 도시농부Vancouver City Farmer는 지난 1978년 밴쿠버 시민들에게 잔디밭 일부를 걷어내 채소와 식용 허브, 과일 심는 방법을 알려주기 위해 설립된 도시농업 단체로 밴쿠버 유기순환가든 Vancouver Compost Demonstration Garden을 중심으로 활동 중이다. 주요시설물은 퇴비 화장실, 옥상녹화, 작은 오두막, 유기농산물정원, 천연잔디밭 등이 있으며 도시농부교육을 한 달에 8회가량 실시하고

정문의 옥상녹화 및 친환경 건물

인뇨를 퇴비화 하는 화장실

밴쿠버 도시농부 입구 벤치

유기농 퇴비를 만드는 용기

밴쿠버 도시농부 안내 포스터

있다. 인터넷 사이트를 통해 전 세계 정보를 공유하고 있으며 밴쿠버 시민들에게 생활 속에서 녹화를 실천하기 위한 법Go Green at home을 알려주기 위한 활동을 펼치고 있다. 한편 밴쿠버 시청의 다양한 관련 과(태양에너지과, 물디자인과, 공원과, 보건과, 도로과, 녹색도로과)에서 관여하여 유기순환가든을 만들었다고 한다.

베란다와 옥상에서 기르기 좋은 작물 30가지

자료제공: 텃밭보급소

* 노지 기준의 작물 재배력은 옥상 텃밭에는 거의 그대로 적용된다.
  그러나 베란다텃밭은 노지보다 기온이 높으므로 조금 일찍이나 늦게까지 심을 수 있다.
* 위 작물들은 흔히 작은 텃밭에 흔히 심는 것들이다. 이밖에 심을 수 있는 작물들은 아주 많으므로
  작물 정보를 찾아 텃밭 농부의 취향에 따라 다양하게 심어보도록 하자.

	파종	옮겨심기	거두기
3월	대파, 감자, 상추, 쑥갓, 아욱, 고구마, 양배추, 완두, 강낭콩		
4월	상추, 쑥갓, 아욱, 근대, 시금치, 당근, 완두콩, 강낭콩, 오이, 호박, 부추, 생강, 열무, 총각무, 갓, 들깨, 땅콩	상추, 고추, 토마토, 가지, 양배추	쪽파, 부추, 상추
5월	생강, 열무, 콩	고추, 토마토, 가지, 오이, 호박, 고구마, 대파, 땅콩	상추, 쑥갓, 아욱, 쪽파, 부추, 열무, 총각무
6월	양배추, 콩	고구마, 부추, 들깨, 콩	상추, 쑥갓, 아욱, 감자, 고추, 부추, 양파, 마늘, 열무, 총각무, 갓, 완두, 강낭콩
7월			상추, 쑥갓, 아욱, 고추, 토마토, 오이, 호박, 부추, 당근, 완두, 강낭콩, 양배추
8월	당근, 대파, 쪽파, 양파, 배추, 무, 양배추, 아욱	양배추	고추, 토마토, 가지, 오이, 호박, 부추, 강낭콩
9월	상추, 쑥갓, 아욱, 근대, 시금치, 무, 쪽파, 양배추, 열무, 총각무, 갓	상추, 배추, 양배추	상추, 쑥갓, 아욱, 고추, 토마토, 가지, 오이, 호박, 대파, 쪽파, 부추
10월	시금치, 마늘, 양배추	양파	상추, 쑥갓, 아욱, 근대, 시금치, 고추, 가지, 호박, 고구마, 대파, 쪽파, 부추, 생강, 들깨, 콩, 땅콩
11월			상추, 쑥갓, 아욱, 근대, 시금치, 대파, 쪽파, 부추, 생강, 배추, 무, 양배추, 갓, 당근

상추

국화과

원산지 지중해 연안

파종 3~4월, 9월

수확 5~7월, 9~11월

1. 아주 오래전부터 길러 먹기 시작한 채소다. 우리나라에는 중국을 거쳐 전래되었고, 고려의 상추가 품질이 좋다는 기록도 있었다.

2. 서늘한 기후를 좋아해서 봄, 가을 기온이 15~25℃ 이하에서 잘 자란다. 25℃ 이상 기온이 올라가면 씨앗이 휴면상태가 되어 싹이 잘 트지 않는다.

3. 모종을 옮겨 심으면 잎을 바로 따먹을 수 있지만, 씨앗을 뿌리면 솎아내며 늦게까지 잎을 따먹을 수 있다. 잎채소라 물이 많이 필요하다.

4. 비타민과 무기질이 풍부하고 상추의 흰 즙액은 진통과 최면 효과가 있다.

쑥갓

국화과

원산지 지중해 연안

파종 3~4월, 9월

수확 5~7월, 9~11월

1. 한국, 중국, 일본에서는 식용 채소로 널리 퍼져 있지만,

향이 강해서 유럽에서는 주로 관상용으로 기른다.

2. 상추와 비슷한 시기에 재배하면 된다. 15~20℃에서 잘 자라지만, 더위도 잘 견디고 추위에도 잘 견디는 채소다. 병충해도 거의 없어 뿌리기만 하면 잘 자란다.

3. 씨앗을 바로 뿌려 솎아내며 길러 먹는다. 잎줄기가 어느 정도 자라면 윗순을 잘라 먹는다. 곁가지가 잘 자라고 꽃대가 바로 올라오지 않기 때문이다.

4. 성질이 따뜻해서 위와 장에 좋다.

아욱

아욱과

원산지 아열대 아시아

파종 3월 말~5월, 8월 중순~9월

수확 5~7월, 9~11월

1. 중국과 우리나라에서는 오래전부터 길러 먹어온 채소이다.

2. 기온이 15℃ 이상이면 언제든 파종할 수 있다. 자라는 기간도 짧아 단기간에도 길러 먹을 수 있다.

3. 씨앗을 뿌려 솎아내며 기른다. 아욱 역시 어느 정도 자라면 윗순을 잘라 먹어야 곁가지가 잘 자란다.

4. 아욱은 열을 내리고, 미역과 마찬가지로 젖을 잘 나오게 하는 성질이 있다.

근대

명아주과

원산지 남부 유럽

파종 4월, 9월

수확 6~7월, 10~11월

4

1. 지중해 요리에도 널리 쓰인다. 근댓국은 예로부터 즐겨 먹던 향토음식이다.
2. 건조와 더위에 잘 견뎌 기온이 10℃ 이하로 내려갈 때를 빼고는 언제든 재배할 수 있다.
3. 씨앗을 파종해 솎아내며 기르고, 잎과 줄기를 따먹는다. 자라는 기간이 길어 웃거름을 주는 게 좋다.
4. 필수 아미노산과 무기질이 많고 비타민 A가 많이 들어 있다.

시금치

명아주과

원산지 서남아시아

파종 4월, 9~10월(월동재배)

수확 3~6월, 10~11월

5

1. 15세기 무렵 중국을 거쳐 우리나라에 전래됐다고 한다.
2. 추위에 강한 시금치는 기온이 5℃만 넘어가면 파종할 수 있다. 월동 재배한 시금치가 특히 더 달다. 적당한 온도는 15~20℃이며 10℃ 전후에서도 잘 자란다.

3. 암수딴그루인 채소로 산성 땅에서는 잘 자라지 않고 잎이 누렇게 뜬다.
4. 시금치는 다양한 비타민과 무기질이 풍부한 채소로 특히 비타민 C가 가장 많이 들어 있는 채소다.

감자

가지과

원산지 안데스 지역

파종 3월 말, 가을(제주도)

수확 6월 말

6

1. 감자는 남아메리카에서 유럽으로 건너가 주식으로 자리를 잡았다.
2. 서늘하고 건조한 날씨를 좋아하므로 우리나라에서는 이른 봄에 심어 90일쯤 키워 하지 무렵 거둬 먹는다.
3. 감자를 심을 때는 씨눈이 하나 이상 포함되도록 씨감자를 서너 조각으로 잘라 사나흘 말려서 심는 게 좋다.
4. 주식 대용이 될 정도로 열량도 높고 필수 아미노산이 많이 들어 있다.

가지과
원산지 아메리카 대륙
파종 2월 말(온실)
옮겨심기 4월 말~5월 초
수확 6월 중순~10월

가지과
원산지 라틴아메리카
파종 4월 초(온실)
옮겨심기 4월 말~5월 초
수확 7~10월

1. 흔히 오랜 옛날부터 우리 겨레가 먹어온 것으로 알고 있으나, 실제로는 17세기 초쯤 일본을 거쳐 전해 내려온 식품이다.

2. 고추는 열대성 식물로 늦봄부터 여름에 걸쳐 재배하는 대표적인 양념 재료다. 지역의 특성에 맞추어 늦서리가 내리는 시기를 완전히 피할 수 있을 때 심는다.

3. 고온성 작물로 발아 온도는 30~35℃이므로, 우리나라 기후에서 노지 발아는 어렵다. 2월 말에 하우스에서 파종한다. 발육에 알맞은 온도는 25℃ 정도이다.

4. 비옥하고 물이 잘 빠지는 곳에서 잘 자란다. 5월 초에 모종으로 심어 풋열매를 따서 먹거나 완전히 익혀 고춧가루를 내서 먹는다.

5. 고추에는 병충해가 많이 발생한다. 대표적인 것으로는 역병이나 탄저병이 있는데, 역병은 줄기가 마르고, 탄저병은 열매에 검은 반점이 생긴다.

6. 비타민 A, B, C가 풍부한 것으로 유명하다. 특히 비타민 C는 감귤의 9배, 사과의 18배나 될 정도로 매우 풍부하다. 고추의 매운맛을 내는 캡사이신은 소화 기능을 촉진하고 지방을 분해한다.

1. 토마토는 400년 전 중국을 거쳐 우리나라에 들어왔으나, 재배가 일반화된 것은 1920년대 후반이다. 방울토마토는 80년대부터 널리 재배되었다.

2. 발아에 알맞은 온도는 25~30℃, 생육에 알맞은 온도는 25~27℃이다. 10℃ 이하이면 잘 자라지 않고, 5℃ 이하에서는 전혀 자라지 않는다.

3. 주로 5월 초에 모종을 옮겨 심고, 7월 이후에 거두기 시작한다. 일반 토마토는 병충해에 약한 편이다. 베란다나 옥상 텃밭에서는 재배가 쉬운 방울토마토를 많이 심는다.

4. 원줄기와 잎줄기 사이에 돋아나는 곁가지는 제거해주어야 가지가 정돈된 모습으로 자란다. 특히 상자텃밭에서 키울 때는 곁가지 정리를 잘 해주지 않으면 상자가 무게를 감당하지 못할 정도로 커질 수도 있으므로 주의해야 한다. 크게 자라며 열매를 달므로 1.5m 이상 되는 지주를 세워 쓰러지지 않도록 한다.

5. 다양한 무기질, 항산화 물질 리코펜과 비타민 C가 많이 들어 있다.

6. 특히 붉은색 과일에 많이 들어 있는 리코펜은 활성산소 작용을 억제해 피부 노화를 방지하고 혈관질환과 암을

예방하는 효능도 있다. 리코펜은 기름에 더 잘 녹는다. 따라서 토마토는 생으로도 좋지만 기름에 익혀 먹는 편이 리코펜 흡수에는 더 유리하다.

가지과
원산지 인도
파종 3월 하순~4월 초순
옮겨심기 4월 말~5월 초
수확 7~10월

1. 우리나라에서는 중국을 통해 전래되어 신라 시대부터 재배된 작물이다.
2. 고온을 좋아하고 빛을 잘 받아야 하는 작물로, 여름에 잘 자란다.
3. 주로 5월 초에 모종을 옮겨 심고, 7월 이후 거두기 시작한다. 가지는 한 번 자리를 잡으면 잘 자라므로 여러 번 따먹을 수 있다. 토마토와 마찬가지로 1.5m 이상 되는 지주를 세워준다.
4. 해열, 진통, 소염 효과가 있고, 콜레스테롤을 낮추고 이뇨 작용도 한다. 안토시아닌 색소는 항암 효과도 있다.

박과
원산지 인도 북부
파종 4월
옮겨심기 5월
수확 7~9월

1. 중국을 통해 삼국시대에 전래된 것으로 추정되며 오랫동안 널리 재배되어 온 대표적인 여름 채소다.
2. 오이는 25~28℃에서 잘 자란다. 35℃ 이상 고온이나 15℃ 이하의 저온에서는 열매 자람이 나쁘고, 모양이 나빠진다.
3. 덩굴손을 올리며 자라므로, 지주를 세우고 그물망을 덮어 줄기를 유인해서 키워야 한다.
4. 수분이 많고 비타민이 풍부하며 이뇨 작용도 한다.

박과
원산지 멕시코 남부의 중남미
파종 4월
옮겨심기 5월
수확 7~10월

1. 중앙아메리카 또는 멕시코 남부의 열대 아메리카 원산의 동양계, 남아메리카 원산의 서양계, 멕시코 북부와 북아메리카 원산의 페포계 등이 있다. 우리나라에서는 동양계 호박이 오래전부터 재배됐다.

2. 자라기 알맞은 온도는 23~25℃, 씨앗을 바로 파종해
도 되고, 모종으로 옮겨 심어도 좋다.
3. 대부분 덩굴성으로 여름에 무성하게 자라므로 다른 작
물 자리를 피해 밭둑 둘레나 울타리에 심는다.
탄수화물이 많아 열량이 높고 비타민이 풍부하다.

대파
백합과
원산지 중국 서부
파종 3월, 8월 말
옮겨심기 5월 말
수확 9~11월, 4월 말~6월

고구마
메꽃과
원산지 중남미
모종 키우기 3월 초
옮겨심기 5월 말~6월 초
수확 10월 중순(서리 내리기 전)

1. 감저甘藷라고도 하며, 일본으로부터 전해져 1700년대
후반부터 재배하기 시작했다.
2. 따뜻한 기후를 좋아하는 식물이다. 기온이 35℃ 정도
가 적당하고, 15℃ 이하가 되면 생육이 중지된다.
3. 본 밭에 아주 심을 때는 약간 눕혀 위의 잎이 서너 장
나오게 심는다. 덩굴성 작물로 땅 위를 기어가며 자란다.
4. 탄수화물이 많아서 주식 대용으로 먹기도 한다. 비타
민도 다양하게 들어 있다.

1. 대파는 우리나라의 대표적인 향신료 채소로, 삼국시대
이전부터 재배해 왔다고 한다. 동양에서는 중요한 채소지
만, 서양에서는 거의 재배하지 않는다.
2. 추위와 더위에 강한 채소로 발아와 생장 적온은
15~20℃이다. 그러나 25℃ 이상 고온에서는 잘 자라지
못한다.
3. 씨앗을 바로 뿌려도 되고, 모종으로 옮겨 심어도 된다.
모종을 심을 때는 약간 뉘어서 심으면 뿌리를 내리며 바
로 일어선다. 풀에 치이지 않도록 김매기를 잘 해주어야
한다.
4. 칼슘 · 염분 · 비타민 등이 많이 들어 있고 살균력이 있
는 특이한 향이 있다.

쪽파

백합과

파종 8월 말~9월 초

수확 4~5월, 9월 말~11월

14

1. 중국과 한국, 일본 등 동남아시아 지역에 분포한다. 우리나라에서는 예부터 널리 재배됐다.
2. 자라기에 적당한 기온은 15~20℃이며, 추위에 강해서 겨울에도 뿌리가 죽지 않는다. 30℃ 이상 고온에 노출되어야 휴면에서 깨므로 여름을 지나 심는다.
3. 씨쪽파를 심을 때는 마른 줄기를 잘라서 심는 게 좋다. 쪽파는 월동하므로 봄에 다시 수확하고 꽃이 피고 쓰러지는 것들을 거두어 씨쪽파로 쓰면 된다.
4. 철분, 비타민 A와 C 등이 풍부하고 대파와 마찬가지로 살균력이 있는 특이한 향이 있다.

부추

백합과

원산지 중국 서부

파종 4월

옮겨심기 6월

15

수확 4~11월

1. 고려 시대 이전부터 재배한 오래된 작물이다. 지방에 따라 솔, 정구지, 부채, 부초, 난총, 한자로는 기양초, 장양

초로 정력에 좋은 채소임을 말해 준다.
2. 씨앗으로 뿌리거나 포기를 나누어 심는다. 싹이 트는 온도는 20℃로 이른 봄에 파종하면 싹이 틀 때까지 오래 걸린다. 약간 그늘이 있는 곳에서도 자라므로 나무 밑에서 키워도 좋다.
3. 부추는 한 번 씨를 뿌리면 그 자리에서 10년 이상 자라며 내내 수확해 먹을 수 있다. 자를 때는 밑동 가까이 바짝 자른다.
4. 비타민 A, C가 들어 있고, 당질이 풍부하다. 활성산소를 해독하고 혈액순환을 원활하게 한다.

생강

생강과

원산지 동남아시아

파종 4~5월(씨생강)

수확 10~11월

16

1. 고려 시대 이전부터 재배해오며 향신료, 식용, 약용으로 널리 써왔다.
2. 씨생강으로 심는다. 고온성 작물로 기온이 18℃ 이상 돼야 발아하므로 봄에 심어 싹이 트는 데 오래 걸린다. 20~30℃에서 잘 자라며, 15℃ 이하에서는 자라지 못한다.
3. 저온과 서리에 약하므로 짚이나 검불로 두껍게 덮어두고 김장 때까지 키운다.

4. 따뜻한 기운이 세 한약재로는 몸을 따뜻하게 하고, 감기에 열을 발산하는 데 쓰인다.

백합과
원산지 중앙아시아, 지중해 연안
파종 8월
옮겨심기 10월 말
수확 6월

1. 재배 역사는 매우 오래되어 이미 고대 이집트에서 피라미드를 쌓는 노동자에게 마늘과 양파를 먹였다는 기록이 있다. 우리나라에는 조선 시대 말엽에 도입된 것으로 추정된다.
2. 양파는 추위에 잘 견디지만, 기온이 영하로 내려가면 성장을 멈추고 겨울을 난다. 다시 봄이 되면서 자라기 시작해 초여름에 수확한다.
3. 햇빛을 많이 받아야 알이 굵어지므로, 해가 잘 드는 밭에 심어야 한다.
4. 각종 비타민, 칼슘 · 인산 등 무기질이 들어 있다. 혈액 중 유해 물질을 없애는 작용이 있다.

백합과
원산지 중앙아시아
파종 10월(씨마늘)
수확 6월

1. 이집트에서는 기원전 2500년경 이전부터 마늘을 재배했다. 우리나라에는 중국을 거쳐 들어왔는데, 단군신화에 등장할 정도로 오래전부터 재배해왔다.
2. 마늘은 겨울의 추위를 지나야 잠에서 깨어나 싹을 틔운다. 보통 2월 말에서 3월 초는 돼야 싹이 올라온다.
3. 한지형과 난지형으로 나뉜다. 한지형은 대개 육쪽마늘로 저장성이 좋다. 난지형은 벌마늘로 한지형보다 일찍 수확한다. 대개 마늘 100통을 묶어 한 접씩 보관한다.
4. 거의 모든 요리에 쓰이는 향신료로, 음식의 비린내를 없애고 음식 맛을 돋운다.

십자화과
원산지 중국 북부 지방
파종 8월 중순
옮겨심기 9월 초
수확 11월 중순

1. 고려 시대 이전부터 재배된 우리나라의 대표적인 채소다. 원래 결구되지 않은 배추가 토종이었으나 오랜 시간

육종과 개량을 거쳐 지금의 결구 배추로 발전했다.

2. 배추는 봄에도 파종할 수 있으나 가을에 더 잘 자란다. 서늘한 기후를 좋아하는 저온성 채소이기 때문이다. 배추가 자라는 기간은 50~90일. 생육에 가장 알맞은 온도는 20℃ 전후이고 결구의 최적온도는 15~16℃이다.

3. 물이 부족하면 잎줄기가 질겨지므로, 가을 가뭄에는 물 관리를 해야 한다.

4. 비타민 A, C가 풍부하고 다양한 무기질도 들어 있다. 섬유질이 많아 변비를 예방한다.

십자화과
원산지 지중해 부근
파종 3월, 6월, 8월
옮겨심기 4월 8~9월
수확 6~7월, 11월

1. 우리나라에 들어온 것은 19세기 후반으로 이후 배추 대용으로 즐겨 먹는 대표적인 채소가 되었다.

2. 한 해에 여러 번 심을 수 있는 작물이다. 하지만 서늘한 기후를 좋아해서 30℃ 이상 고온에서는 잘 자라지 못한다. 양배추는 옮겨 심어야 잘 자라고 결구도 잘 된다. 바깥 잎이 18~20매 정도 되어야 결구가 된다.

3. 봄에 뿌려 여름에 거둘 때는 무르거나 병충해가 생길 수 있다. 달기 때문에 진딧물이 많이 껴서 텃밭에서는 진딧물 유인 작물로 이용하기도 한다.

4. 궤양에 탁월한 효과가 있다. 혈액을 응고시키는 비타민 K가 많이 들어있다.

배추과
원산지 중앙아시아 지중해 연안
파종 8월 중순~9월 초
수확 11월

1. 무수, 무시라고도 부른다. 삼국시대부터 길러 먹어왔고 고려 시대 이래 가장 중요한 채소가 되었다. 배추와 함께 우리나라의 대표적인 채소 가운데 하나다.

2. 재배되는 무 가운데 재래종은 김치용, 일본무는 단무지용, 서양무는 샐러드용으로 많이 쓰인다.

3. 서늘한 기후를 좋아해서 남부지방에서는 월동 재배도 가능하다. 옮겨 심으면 뿌리가 갈라질 수 있어 바로 씨앗을 뿌려 길러 먹는다.

4. 파종 후 솎아내며 기르는데, 초기에 김을 잘 매줘야 무가 풀이 치이지 않고 자란다. 무 이파리는 시래기로 말려 먹으면 좋다.

5. 겨울철 비타민 C 공급원으로, 또 소화 촉진 효소가 있는 채소로 널리 먹어왔다.

십자화과
파종 4~5월, 9월
수확 5~6월, 10월

22

1. 무의 종류로 '여린 무'라는 말에서 열무라고 불리게 되었다.
2. 열무는 단기간에 자라는 어린 무 종류라 한 해 동안 여러 번 재배할 수 있다. 겨울 60일 전후, 봄 40일 전후, 제철인 여름 25일 전·후면 수확할 수 있다.
3. 비타민 A, C가 풍부하다.

십자화과
원산지 중앙아시아, 히말라야
파종 4~5월, 9월
수확 6월, 11월

24

1. 삼국시대부터 재배해온 오래된 채소다. 김치를 담는 돌산갓과, 김장 양념으로 쓰는 얼청갓이 있다.
2. 서늘한 기후를 좋아한다. 발아 적온은 25℃이고 호광성이다. 생육 적온은 12~22℃이다. 파종한 후 솎아내며 키운다.
3. 단맛과 매운맛이 어울려 있는 채소로, 비타민 C, 칼슘, 철분 등이 많이 들어 있다.

십자화과
원산지 중국 중북부
파종 4월, 9월
수확 5~6월, 10~11월

23

1. 작은 무다. 알타리무, 달랑무라고도 한다. 중국 소무의 대표적 품종.
2. 재배 기간이 짧아 뿌린 지 50일 정도면 수확할 수 있다. 파종할 때 좀 배게 심어야 서로 경쟁적으로 잘 자란다.
3. 무청에 들어 있는 비타민 C는 사과의 10배에 달한다.

미나리과
원산지 아프가니스탄
파종 4월 초, 8월 초
수확 7월 초, 11월

25

1. 홍당무라고도 한다. 한국에서는 16세기부터 재배하기 시작했다.
2. 당근은 서늘한 기후를 좋아하는 뿌리채소다. 발아 적온은 15~25℃이며 생육 적온은 18~21℃이다. 한여름인 7월 초순 이전에 수확을 마쳐야 한다.
3. 옮겨 심으면 뿌리가 갈라지므로 씨앗으로 뿌려 솎아내

며 키운다.

4. 당질과 카로틴이 풍부하고, 비타민 A와 비타민 C도 많이 들어 있다. 당근에서 붉은 색소인 카로틴을 추출하여 천연색소로 이용하기도 한다.

들깨
꿀풀과
원산지 인도, 중국
파종 4월 중하순
옮겨심기 6월 중하순
수확 10월
26

1. 통일신라 시대부터 재배하기 시작한 오래된 작물로, 궁중음식의 양념으로 많이 쓰였다. 쌈채로 많이 먹는 깻잎이 들깻잎이다.

2. 옮겨 심으면 들깨꼬투리가 더 많이 달린다. 옮겨 심을 때는 약간 뉘어서 심으면 수월하다. 줄기에서 뿌리가 내리기 때문이다.

3. 들깨의 독특한 향은 고기 비린내나 느끼함을 없애주기도 하지만, 다른 작물과 섞어 심어 벌레를 쫓는 효과를 내기도 한다.

4. 들깨에는 불포화지방산이 많이 있어서 혈중 콜레스테롤을 낮추는 효과가 있다. 씨알에 기름 성분이 40%나 되므로, 가루를 내서 양념으로 먹거나 들기름으로 짜먹는다.

완두
콩과
원산지 지중해 연안
파종 3~4월
수확 6~7월
27

1. 멘델이 유전실험에 쓴 식물로 잘 알려졌다. 서양에서는 아주 오래전부터 재배되었지만, 우리나라에서 재배한 지는 그리 오래지 않다.

2. 씨앗을 뿌려 키운다. 자라는 기간이 두 달 남짓으로 빨리 수확할 수 있는 콩이다. 주로 덩굴성 완두를 기르므로, 덩굴 유인용 지주를 세워주어야 열매가 잘 열린다.

3. 꼬투리째 먹기도 하는 완두콩은 탄수화물과 단백질, 비타민 B1이 풍부하다.

강낭콩
콩과
원산지 중남미
파종 3~4월
수확 6~8월
28

1. 콩 종류 중 세계적으로 가장 많이 재배된다. 우리나라에서 많이 기르기 시작한 것은 일제 강점기에 여러 종자가 들어오면서부터였다.

2. 강낭콩은 종류가 다양한데, 직립성과 덩굴성, 반덩굴

성이 있다. 덩굴성 강낭콩은 유인할 수 있는 지주를 세우거나 줄을 띄워주어야 한다. 발아온도는 최저 10℃ 내외, 최적 26~37℃이다.

3. 강낭콩에는 녹말이 60%, 단백질이 20%, 지방질이 소량 들어 있다.

콩과
원산지 동북아시아
파종 5월 말~6월 초
옮겨심기 6월
수확 10월 중순 이후

1. 오래전부터 우리나라와 주변 지역에서 심어온 작물로, 콩 발효 식품인 된장은 예로부터 귀중한 식품으로 여겨졌으며 삼국시대부터 만들어졌다.

2. 콩은 종류가 아주 많다. 콩은 질소고정 능력이 있어서 거름이 별로 필요 없지만, 기르기가 쉽지만은 않다. 노린재 피해를 많이 볼 수 있기 때문이다.

3. 콩에는 단백질 35~40%, 지방 15~20%, 탄수화물 30%가량 들어 있다. 최고의 식물성 단백질원으로, 육류에 버금가는 양질의 단백질이 들어 있다. 비타민 A와 비타민 D 등도 풍부하다. 비타민 C는 콩 자체에는 들어 있지 않으나 콩나물로 자라면서 비타민 C가 풍부해진다.

땅콩
콩과
원산지 브라질
파종 4월 말~5월 초
옮겨심기 5월
수확 10월

1. 조선 후기(정조 무렵) 중국에서 가져온 것으로 기록되어 있다. 꽃이 땅으로 떨어지며 땅속에서 열매가 자란다고 낙화생落花生이라고 부른다.

2. 열대 원산의 고온성 여름작물로, 기온이 20℃ 이상 되어야 싹이 트고, 25~30℃에서 잘 자란다. 생육기간도 길어 5~6개월 밭에서 자라야 거둘 수 있다. 물이 잘 빠지는 흙에서 잘 자란다.

3. 땅콩은 지방이 45~50%나 되는데, 불포화지방산이라 건강에 좋다. 단백질도 20~30%, 비타민 B1, B2도 풍부한 편이다.

경기농림진흥재단은 이런 일을 합니다

**살기 좋은 도시 활짝 웃는 농촌
경기농림진흥재단이 함께 합니다**

도농교류

도시와 농촌과의 교류를 통해 더불어 사는 지혜와 공감대를 형성할 수 있는 가교 역할을 합니다. 도시민과 생산농가를 이어주는 농어촌체험투어, 초·중학교에서 농촌을 배우는 학교 농장 조성 및 1교 1촌 자매결연, 도시민 귀농 희망자에게 성공적인 농촌 정착을 할 수 있도록 지원하는 경기귀농귀촌대학 운영, 도시농업의 가치 전달을 위한 도시농업 콘서트, 내 집·내 직장 도시텃밭 조성 캠페인 등 다양한 사업을 추진하고 있습니다.

미래농업

소비자들에게 사랑받고 믿을 수 있는 경기도 농산물이 되기 위해 경기 우수 농특산물의 판로 확대와 소비촉진 사업으로 전용 판매관 개설 및 다양한 판매전 개최, G Food Show 개최, 농업의 융복합화(6차 산업화)를 통한 고부가가치 창출 지원 등을 통해 '희망의 경기농산물 마케터'가 되어 농민들의 걱정을 덜어드립니다.

친환경 급식사업단

친환경농산물 소비를 촉진하여 친환경농업을 육성하고, 학생들
에게는 우수한 식재료를 공급하여 건강한 식생활 형성에 기여하고
자 친환경농산물 계약재배, 잔류농약 검사 등 안전·위생 관리,
공급단계 축소, 녹색식생활 교육 등 지속가능한 친환경 학교급식
의 안정적 공급체계를 운영·관리합니다.

민간녹화 활성화

빌딩 숲 도시에 쾌적함과 활력을 불어 넣은 도시녹지 조성 및 지
원 사업, 생활 속의 정원문화 확산을 위한 경기정원문화박람회, 경기
정원문화대상, 조경가든대학, 시민정원사 등으로 회색도시의 한 뼘
자투리땅까지 푸르게 가꾸어 사람과 자연이 함께 하는 '녹색도시'를
만들어갑니다.

연인산 도립공원 · 잣향기 푸른 숲

자연경관을 비롯하여 다양한 동식물들이 서식하는 자연공원인 가평 연인산 도립공원을 2010년부
터 관리·운영하고 있으며, 공원관리 및 아이들을 위한 숲 체험 학교를 운영합니다. 또한 가평 축령

산과 서리산 자락의 수령 80년 이상 잣나무림을 활용하여 숲 체험과
산림치유 프로그램을 복합적으로 체험할 수 있는 잣향기 푸른 숲을
관리하고 있습니다.

도시와 농업이 아울러 살아가는 경기도를 만들려 합니다.